NF文庫
ノンフィクション

ジェット戦闘機対ジェット戦闘機

蒼空を飛翔するメカニズムの極致

三野正洋

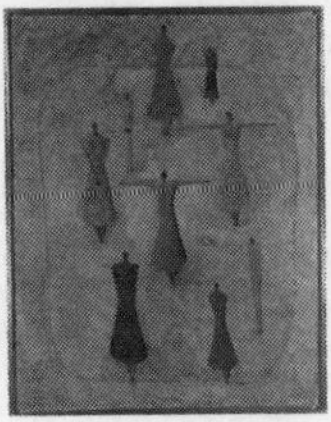

潮書房光人新社

まえがき

音速の二倍の速度で飛び、富士山頂の五倍の高空まで駆け上り、一気に数千キロを飛び切る金属製の猛禽《もうきん》たちは、現代の科学技術の結晶と言っても過言ではない。

新しいジェット戦闘機の開発に当たっては、少なくとも五〇〇〇億円という巨費が必要であり、またある程度の数を量産しても、一機五〇億円の価格となる。

本文中でも述べているが、支援用の機器、予備部品を含めると最新式の戦闘機の価格は、同じ重さの純金に近くなってしまうのである。

もちろん、それだけに戦闘機の持つ能力は、信じられないほど大きなものである。

また多くの人々が強いものに憧憬《どうけい》を持つように、ジェット戦闘機もまた人々を魅了する。

チタン、カーボンといった新素材で作られた鳥たちは、それ自体が意識しないままに、ある種の美しささえ感じさせる。

日本の航空ショーにおいても、主役はやはりジェット戦闘機であって――兵器として存在することの是非とは別の次元で——多くの観衆を集めている。

このジェット戦闘機の能力、性能、そして魅力を簡単にまとめてみたいと思い立ち、その結果として本書が生まれた。

ごく普通の読者にもわかりやすく記述したつもりであるが、一部には数式を挿入し、マニアといわれる人々の知的な興味にも対応できるように心がけている。

また流行の兆しを見せているパーソナル・コンピューター利用のシミュレーション・ソフトの作製に関しても、本書のデータ、数式を利用できるはずである。

蒼空を思うまま飛翔するジェット戦闘機こそメカニズムの極致であり、本書を読むことによって、その一端を感じていただければ望外の幸せと考えている。

なお本書で使用した写真の多くは、筆者自身で撮影したものである。

航空機の写真撮影を趣味としているファンから見れば、児戯《じぎ》に等しいと評価されかねない。しかしながら、世界のエアショーに足を伸ばし、猛鳥を追いかけることの素晴らしさは、十分にご理解いただけると思う。

表題から見てのとおり、取り上げた戦闘機は実戦で活躍したものを優先した。したがって、

◯日本初の超音速戦闘機・三菱F1

◯上下にエンジンを装備した

イングリッシュ・エレクトリック・ライトニング
◯北欧の雄・サーブのJシリーズ
などについては触れていない。
なぜなら兵器の実力は実戦に参加しないかぎり、未知数であるからである。
また第3～9章の「空中戦の実態」の項では、空中戦の説明に先立って、それぞれの戦争、紛争について概要を記述している。
この理由は、平和の続く日本に住んでいる若い人々の国際紛争に対する知識を、少しでも増やしたいと考えるからである。

ジェット戦闘機対ジェット戦闘機——目次

第3章　空中戦の実態――一九五〇年代

第4章　空中戦の実態――一九六〇年代

第5章　空中戦の実態——一九七〇年代

第6章　空中戦の実態——一九八〇年代

第7章　空中戦の実態——一九九〇年代

ジェット戦闘機対ジェット戦闘機

蒼空を飛翔するメカニズムの極致

第1章　ジェット戦闘機の時代へ

ジェット戦闘機の登場

〝史上最大の作戦〟と言われた連合軍のフランス上陸が成功裡に終わると、ドイツの敗戦は誰の目にも明らかになった。ソ連軍は東からドイツ本国に殺到し、またアメリカ、イギリス軍はフランス全土をドイツ占領軍から解放しつつあった。

しかし、ヨーロッパの空の戦いは相変わらず熾烈《しれつ》を極め、ルフトバッフェ（ドイツ空軍）は祖国の上空で頑強に抵抗していた。

このような戦況のなか、北フランスの空にプロペラのない軍用機が姿を現わし、勝ち誇った連合軍爆撃機に多大の損害を与えた。

これが史上初のジェット戦闘／爆撃機、

メッサーシュミットMe262シュツルムフォーゲル

のデビューである。初めのうち爆撃機として使われ、大した戦果をあげ得なかったMe262ではあるが、一九四四年秋から戦闘機に変身し、

ボーイングB‐17フライングフォートレス

コンソリデーテッドB‐24リベレーター

といった四発の大型爆撃機にとっての天敵となるのであった。
Ｍｅ262は連合軍の最新鋭プロペラ戦闘機と比較して、
最高速度で一〇〇キロ／時以上速く
上昇力で一〇パーセント大きく
上昇限度で七パーセント高く
極めて恐ろしい相手であった。

これらはすべてレシプロ・エンジンとプロペラの組み合わせに対して、ピュアジェット（純ジェットエンジン）による有利さの示すところである。

初期のジェット・エンジンは、操作に対する反応が鈍い、耐用時間が短い、燃料消費量が大きいといった欠点を持ってはいたが、それでもなおプロペラ付き戦闘機を完全な過去のものにするだけの性能を発揮した。

当時レシプロ戦闘機の性能は、すでに限界に近づいており、先進各国は画期的なジェットエンジンに注目していた。

その結果、次の国々が第二次大戦の最中にジェット機を進歩させるのである。試作機を除くと、それらは次のとおりとなる。なお日付は初飛行に成功した日である。

◯アメリカ
ベルＰ－59エアロコメット――一九四三年八月二日
◯イギリス

史上初めて，実戦に登場したジェット戦闘機メッサーシュミットMe262

グロスター・ミーティア――一九四三年五月一日
○日本
中島／橘花《きっか》（特殊攻撃機）――一九四五年八月七日
○ドイツ
メッサーシュミットMe262――一九四二年七月十八日
加えてドイツは、アラドAr232ブリッツ、ハインケルHe162サラマンダーといったジェット軍用機を続々と戦線に投入するのであった。

また史上唯一のロケット戦闘機メッサーシュミットMe163コメートを、多くのトラブルを承知のうえで実戦に参加させている。

数の差によってドイツは敗れはしたが、主力となる戦闘機、爆撃機が早晩ジェット化されるのは明らかであった。

プロペラ機の速度の限界が七五〇キロ／時程

度であるのと比べて、ジェット機の場合その四倍が可能となる。

また原動機としてジェット・エンジンはレシプロより小さくて済み、重量的にも軽く作ることができる。そうであれば、レシプロ機に生き残る道はなかった。

一九四〇〜五〇年代は、航空機（特に戦闘機）の技術進歩がもっとも著しかった時代であって、わずか五、六年のうちに戦闘機の大部分がジェット化されるのである。

また性能も飛躍的に向上し、新しく生まれる戦闘機でさえ、すぐに旧式化してしまうといった状況が続く。

ジェット機対レシプロ機の性能比較

それではさっそく、一躍空の主役となったジェット戦闘機とその出現直前までの最良のレシプロ戦闘機との性能の比較を行ってみよう。
いろいろな機種が考えられるが、ここでは同じ戦場（朝鮮戦争・一九五〇年六月〜五三年七月）で活躍した
ノースアメリカンP-51Dマスタング
〃　F-86Fセイバー
を比べてみることにする。
前者は多くの航空機研究家によって第二次世界大戦の最優秀戦闘機と評価されており、F

レシプロ戦闘機の最高峰ノースアメリカンP-51Dマスタング

5000機以上生産されたノースアメリカンF-86Fセイバー

－86Fセイバーの兄貴分ともいえる戦闘機である。

共に朝鮮半島の上空で同じ相手（ミコヤン・グレビッチMiG－15フレスコ）と戦ったこともあり、比較の対象としては絶好であろう。

なお両者の初飛行は、

P－51Dマスタング　一九四〇年十月二十六日
F－86Fセイバー　一九四七年十月七日

で、丸七年の間隔がある。

この間に戦闘機の要目、性能はどれだけ変化したのであろうか。

○サイズと重量

	P－51D	F－86F
全長m	九・九	一一・四
全幅m	一一・三	一一・三
全高m	四・二	四・五
翼面積㎡	二一・六	二六・七
自重トン	三・二三	五・二〇
総重量トン	五・二六	七・三一

この数値から見ると、重量については自重で六割、総重量で四割増しただけで、寸法はほとんど変わっていないことがわかる。全幅に至っては全く等しい。

◯エンジン

P－51・パッカードV一六五〇
最大出力は高度一八〇〇メートルで一七二〇馬力

F－86・ジェネラル・エレクトリックJ47
最大推力は二・七六トン

レシプロ・エンジンは馬力（BHP）で、ジェットエンジンは推力で出力を表示するから比較は大変に難しい。

そのうえレシプロはジェット以上に高度（空気密度）による影響を受けやすい。

ひとつの目安として高度五〇〇〇メートル付近で比べてみると、

(1)V一六五〇　出力は一三五〇馬力まで低下

(2)エンジンとプロペラの組み合わせにより、馬力当たり一・七五キログラムの推力を発生していると仮定して、二・三六トンの推力となる。このレシプロ・エンジンの推力はJ47の八五パーセントであるが、数値的にほぼ正しいと思われる。

ただし機体の空気力学的抵抗はP－51マスタングの方がかなり大きいので、この点の不利は免れない。

次に性能を見ていくことにしよう。

◯性能の比較

P－51D　　F－86F

最大速度キロ／時	七一〇	一一〇〇
上昇限度キロ	一二・八	一五・五
最良上昇率m／分	七五四	一一七〇
航続距離キロ	一八五〇	一一〇〇
最大〃	三二〇〇	一四五〇

この数字を見るかぎりジェット戦闘機の性能はレシプロ機を大きく引き離しており、特に速度、上昇力は三五ないし四〇パーセントも大きい。これでは空中戦となったら、レシプロ機はとても太刀打ちできないことがはっきりとわかる。

一方ジェット機の燃料消費量は多く、航続力および戦場上空での滞空時間となると、まだまだレシプロ機も生き残れる可能性が出てくる。

敵の地上部隊を攻撃する場合には滞空時間の長いこと、爆弾、ロケット弾の搭載量が多いことが重要で、P－51マスタングの任務は、レシプロ・エンジン付きの攻撃機ダグラスAD（のちのA1）スカイレイダーによって引き継がれるのであった。

またレシプロ、ジェット戦闘機の最大の相違は着陸速度で、P－51の一六〇キロ／時に対し、F－86は二四〇キロ／時と五割も大きくなっている。

その意味からパイロットの負担は増し、それだけに優れた人材が求められたのである。

P－51とF－86の武装はともにAN2型一二・七ミリ機関銃六門で、威力としては全く等しい。しかし二つの点から、F－86の方が圧倒的に有利となっていた。

(1)機首に六門が集中しているので、弾丸の集束率が高い。
(2)F－86は射撃用の測距レーダーを持ち、一定の条件下では命中率はP－51の三倍も高い。
結局、第二次大戦中の最優秀戦闘機と謳われたP－51マスタングだが、朝鮮戦争中に一機のMiG－15も撃墜できずに終わっている。

逆に空中戦において一〇機がMiGにより撃墜された。

これを見てもレシプロ戦闘機の時代が終わりつつあるのは確実であった。

航空機搭載機関銃／砲の現況

第二次大戦後の機関砲

その誕生以来、永きにわたって戦闘機の主要火器は機関銃／砲であった。

口径から見て一二・七ミリ以下を機関銃、二〇ミリ以上を機関砲と呼ぶのが一般的だが、海外では共にマシンガンである。

したがって本書では口径にこだわらず〝機関砲〟として話を進めることにしよう。

第二次大戦においては、一二・七ミリ、二〇ミリ機関砲が主として用いられた。七・七ミリ、三七ミリといったものも数多く使われているが、主流は前記の二種の口径である。

特にアメリカは陸・海軍の戦闘機の機関砲を一二・七ミリのAN2／3型に統一し、大きな戦果をあげている。

日本では七・七、一二・七、二〇ミリを混用し、そのうえ陸・海軍の二〇ミリ砲の規格が異なる、つまり同じ口径でありながら、弾丸が共用できないという失態を重ねた。

それはともかく、一二・七ミリ、二〇ミリ機関砲はジェット機の時代になってもそのまま引き継がれ、アメリカの主力戦闘機は、

空軍 ノースアメリカンF－86Fセイバー 一二・七ミリ砲六門

海軍 グラマンF9Fパンサー 二〇ミリ砲四門

の装備であった。

一方、イギリス、フランスを凌《しの》ぐ高性能ジェット戦闘機ミグMiG－15を送り出したソ連は、三七ミリ砲一門、二三ミリ砲二門

を標準装備としている。

イギリスはホーカー・ハンターの配備により、ようやくにして本格的なジェット戦闘機を持つが、その武装は、

三〇ミリ砲四門（一部に二〇ミリ砲四門）

であった。

このように見ていくと、初期のジェット戦闘機への装備機関砲として、

○アメリカ空軍

初速が大きく、単位時間当たりの発射弾数の多い一二・七ミリに統一

○アメリカ海軍

対戦闘機戦闘と対地攻撃の場合を考慮し、二〇ミリ機関砲に統一
◯ソ連
対爆撃機用に三七ミリ、対戦闘機用に二三ミリ、対地攻撃は考えず
◯イギリス
対地攻撃を重視、発射弾数が少なく、しかし命中すれば威力大の三〇ミリを採用
と、それぞれが信じる道を歩みはじめる。
一九五〇年代の初めに下されたこの決定は、現在でもある程度踏襲されていて、アメリカは口径が大きいとは言えぬ二〇ミリに的をしぼった。
そしてソ連は二三ミリから二七ミリへ、イギリス、フランスなども二七ミリに統一される。
現在、アメリカの戦闘機は主に二〇ミリ砲を、他国の新鋭戦闘機はすべて二七ミリ砲、あるいは三〇ミリ砲を装備していると考えれば良い。
機関砲の威力は高初速度、単位時間当たりの発射弾数、砲弾一発当たりの威力によって決定される。
また搭載する砲弾数も重要である。
もちろん砲弾を敵機に命中させるための照準装置（火器管制システム・ＦＣＳ）の性能も、機関砲の威力発揮には欠かせない。
しかしここでは機関砲そのものに話を限ることにする。

それでは、次に一九五〇年〜六〇年の、それぞれの口径の機関砲の威力を見ていくとしよう。

	発射弾数	砲弾重量	送弾量
一二・七ミリ	二〇発／秒	三〇グラム	三・〇キログラム
二〇 〃	二三 〃	一〇〇 〃	一一・五 〃
二三 〃	一四 〃	一六〇 〃	一一・二 〃
三〇 〃	一〇 〃	三七〇 〃	一八・五 〃
三七 〃	七 〃	七四〇 〃	二五・九 〃

ここでの送弾量とは、五秒間連続して発射したときの総重量である。これらの数字を機関砲の装備数と合わせて考えるとき、次の数値が得られる。

F-86Fセイバー（AN2／3機関砲）
一二・七ミリ六門　一八キログラム

F9Fパンサー（M39型）
二〇ミリ四門　四六キログラム

MiG-15（N37およびNR23型）
三七ミリ一門　二五・九キログラム
二三ミリ二門　二二・四キログラム

計四八・三キログラム

ホーカー・ハンター（アデンMk2型）

三〇ミリ四門　七四キログラム

登場年度に多少違いがあるものの、この数値からも一二・七ミリの威力が他の機関砲と比較して低くなっているのがわかる。

たとえ六門を装備していても、適当な防弾システムを備えた敵機を撃墜するのは難しい。アメリカ空軍は一九六〇年代の初めにこの事実に気づき、新しい機関砲を実用化するのであった。

二〇ミリバルカン（多砲身）機関砲の登場

一九六〇年五月、アメリカ空軍はそれまでの機関砲とは全く異なった多銃身（多砲身）の機関砲を開発した。

六門の砲身が電気モーターによって回転し、高速発射を可能とした口径二〇ミリのM61バルカン砲である。

複数の砲身が回転し、一門の高性能機関砲を構成するというシステムそのものは、特に目新しいものではなく、一八六〇年代にすでに実用化されている。これは〝ガトリング砲〟として史上初の本格的機関砲となった。

もちろん回転は電気モーターではなく、人間の手によってなされる。

最も広く使われているM61バルカン20mm機関砲

F-105戦闘機の20mmバルカン砲の発射孔

私事にわたるが、筆者は機械的工芸品としてガトリング・ガンに魅せられ、アメリカから図面を取り寄せ、全金属製の二分の一モデルを製作したこともある。

さて一般的に二〇ミリ機関砲の発射速度は、一分間に一〇〇〇発程度である。ガトリング砲の場合六門の砲身を使用して発射するのだから、六〇〇〇発/分、一〇〇発/秒という高速発射が行なわれるが、発砲するのは常に一門だけである。

したがって発射音は個々には聞こえず、動物の唸《うな》り声に似た迫力のあるものになった。

第二次大戦中の空中戦（戦闘機同士の場合）における射撃時間は、五秒ないし一〇秒と言われている。

映画の実写フィルムを見ながらストップウオッチで計ってみても、ほぼ七秒といったところであるのがわかる。

ジェット機同士の空中戦となると、速度がレシプロ機の二倍となっているため、二秒ないし五秒と極めて短くなった。

こうなると短時間に大量の砲弾を撃ち出す必要が生じ、バルカン砲の登場となった。

またM61バルカン砲は、六門の二〇ミリ砲を搭載する場合と比較して、モーター、バッテリーを含んでも、容積、重量とも六割で済んでいる。そのため携行砲弾数は大幅に増加した。

また砲弾が常に同一の場所から飛び出すので、多砲装備より命中率が高くなる。

この兵器は、少しずつ改良されながらM61→M61A→M61A1と進歩し、現在のアメリカ軍戦闘機、攻撃機に装備されている。

その性能はM61A1の場合
初速一一三〇メートル/秒
発射速度三〇〇〇発/分、六〇〇〇発/分切り替え
弾丸重量八二〜八五グラム
砲弾の種類/炸裂焼夷弾、徹甲焼夷弾、曳光弾
である。

アメリカ軍はM61に絶対的な信頼を寄せ、新型の空中戦用機関砲の開発をほとんど行なっていない。

フェアチャイルドA-10攻撃機の三〇ミリ機関砲(GAU-8型)は、もっぱら対地攻撃用である。

なおアメリカ軍戦闘機の中で最後まで従来型の機関砲にこだわったのは、海軍のボートF8クルセーダーであり、M39型二〇ミリ機関砲を四門装備していた。

ベトナム戦争でこの機関砲を駆使してミグ戦闘機と戦ったF8は、〝ラスト・ガンファイター〟との愛称を付けられている。

他にノースロップF-5フリーダムファイター/タイガー戦闘機も同じ機関砲を装備しているが、これは制式化されずに終わっている。

アメリカは一時、戦闘機の兵器としての機関砲を見切り、それを棚上げした。

空中戦にさいしては、すべてAAM(空対空ミサイル)で決着をつけようと考えたわけで

ある。

しかしベトナムでの戦訓からすぐにその誤りに気づき、再びすべての戦闘機にM61を装備するようになる。

またM61の成功により、のちに

七・七ミリ　ガトリング砲　GAU－2

二〇ミリ　三連装ガトリング砲　M197

三〇ミリ　ガトリング砲　GAU－8

が開発された。

その他の国の新型機関砲

アメリカのM61の成功を目の当たりにし、戦闘機を開発している各国もガトリング・タイプの機関砲を作り出そうとした。

そのためには従来型の機関砲をベースにするのが、手っ取り早い。

M61にしても砲身などM39から流用しているから、これは当然であった。

ただしソ連以外のイギリス、ドイツ、フランス、スイス、スウェーデンなどはなかなか決定版を作れず、一九八〇年代まで従来型でいかざるを得なかった。

ソ連だけは多額の費用を投入して、多砲身タイプの開発に成功している。

それでも一挙に多砲身砲に進めず、口径二三ミリ機関砲を例にとれば、

NR23　従来型
Gsh23　二連装をパックにした中間型
〃23改　六砲身ガトリング
という経過をたどっている。
そして一九八五年に至り、二三ミリガトリングを、一九九〇年に三〇ミリガトリングを完成させた。
イギリス、フランスは前述のとおり、従来型の三〇ミリ砲を二門ないし四門装着してきた。
たとえば、
◯フランスの代表的戦闘機
ダッソー・ミラージュⅢ
DEFA三〇ミリ砲二〜三門
シュペール・エタンダール
同　三〇ミリ砲二門
◯イギリスの代表的戦闘機
イングリッシュ・エレクトリック・ライトニングF1
ADEN三〇ミリ砲二門
BAe・ハリアー／シーハリアー
同　三〇ミリ砲二門

である。このほかイスラエルのIAI・クフィール、スウェーデンのサーブ・J37ビゲンなども三〇ミリ二門の装備となっている。

しかし一九九〇年代に入ると、イギリス、ドイツ、スウェーデン、スペイン、イタリアといった旧西側陣営は、ようやくにして新型機関砲（口径二七ミリ）を開発した。それは新しい戦闘機、攻撃機にすぐさま装備される。

開発の主力となったのはドイツのマウザー社で、正式各称はマウザーBk27である。

このBk27の特長は、特殊な装塡《そうてん》システムを用いて、二七ミリという大口径にもかかわらず一七〇〇発／分、二八発／秒という高発射速度（発射弾数）を得ている点にある。ほぼ同じ口径（三〇ミリ）の他の機関砲と比較してみると、

旧ソ連	NR30	九〇〇発／分
イギリス	アデンMk2	一二五〇発／分
〃	〃　Mk14	〃
フランス	DEFA	一二〇〇発／分
スウェーデン	KCA	一一〇〇発／分

この五種はBk27と比べて約四〇パーセントも発射速度が小さい。

いかにこのBk27が優れているか、この数字を見ただけでもはっきりわかる。

この新型機関砲はドイツはもちろん、イギリス、イタリアなど五ヵ国で生産され、サーブ・J39グリペン

パナビア・トーネード
国際共同ユーロファイター
のすべてに装備される。

これにより、これらの国々にはM61に劣らぬ高性能の航空用機関砲を保有することになった。

一方、フランスだけは相変わらず独自の道を進んでいる。ユーロファイター（EFA計画）から早々と撤退し、ミラージュ2000、ラファールといった戦闘機を開発しているが、装備する機関砲は一九六〇年後半に実用化したDEFAに頼っているのである。

このあたりがフランス製戦闘機の弱点となっているのかも知れない。

最後に現用の戦闘機が、どの程度の機関砲弾を搭載しているのか、調べてみる。

F-15イーグルJ	二〇ミリ弾	九四〇発
〃　E	〃	五一六〃
F／A-18ホーネット	〃	五七〇〃
Su-27フランカー	三〇ミリ弾	一五〇〃
MiG-29ファルクラム	〃	一五〇〃
〃　23フロッガー	二三ミリ弾	二〇〇〃
トーネードADV	二七ミリ弾	一二五〃

ユーロファイター　　　　　〃　　　一五〇〃
ＪＡＳ39グリペン　　　　　〃　　　一二五〃
ミラージュＦ１　　　三〇ミリ弾　　一二五〃
ラファールＭ　　　　　　　〃　　　一三〇〃

いずれにしても口径が大きくなると、携行弾量がきわめて少なくなることがわかる。Ｍ61を除いては、いずれも一秒間に一五ないし一八発の発射率であるから、五秒の連続発射を二撃実施すれば砲弾を撃ち尽くしてしまう。

あるいは二秒の発射を五回ということになろうか。

これでは命中させるのはかなり難しい。

それとも高速のジェット機同士の空中戦においては、機関砲を発射するチャンスはもっと少ないと考えているのであろう。

この携行弾量を見ても、空中戦のさいの主要兵器はミサイルに移っているのがわかる。

他方、対地攻撃機については、大口径機関砲（三〇ミリ）がもっとも重要視されている。特にＡＦＶ（戦車、装甲車など）に対する威力は絶大であるから、携行弾量は必然的に多くなる。

ロシア・スホーイSu－25フロッグフット
三〇ミリ弾二五〇発

アメリカ・フェアチャイルド／リパブリックA－10サンダーボルトⅡ
　　三〇ミリ弾七五〇発
と、戦闘機の二倍ないし五倍を持っている。

空対空ミサイルの威力

第二次大戦後、空中戦に全く新しい兵器が登場し、それは少しずつ戦闘機の主要武器へと成長していく。そして一九八〇年代に入ると、完全に機関銃／砲の座を奪ってしまうのである。

これが空対空ミサイルで、
Air to Air Missile
の頭文字をとってＡＡＭと呼ばれる。

ここでは名称こそ広く知られてはいるものの、実態についてはあまり説明されることのないＡＡＭに迫ってみる。

なぜならこのＡＡＭなくしては、現代の空中戦は語れないからである。

そのための一つの、典型的な例を見ていこう。

一九九一年の湾岸戦争において、アメリカ海・空軍機は三〇機のイラク戦闘機を撃墜した。この三〇機のすべてが、ＡＡＭによって撃ち落とされている。逆に言えば三〇機のうち、機関砲で撃墜されたものは皆無であった。

この一事を見ても、戦闘機対戦闘機の戦いにおいて、機関砲が過去の兵器となってしまったのは明らかとなる。

これほど、AAMの威力は強大であった。

AAMが初めて実戦に投入されたのは、一九五八年九月二十四日のことである。

この日、台湾海峡上空の空中戦において、台湾空軍のノースアメリカンF－86Fが、AIM－9（制式名GAR－8）サイドワインダーを史上最初に使用し、中国空軍のミグMiG－17（中国製のJ6）を撃墜したのである。

少なくともこの一日だけで、二機のミグが、アメリカ製の〝毒蛇〟（サイドワインダーはアメリカの砂漠に棲《す》む毒蛇の一種）に咬《か》まれ、撃墜された。

こののち、AAMはベトナム戦争で頻繁《ひんぱん》に使われることになり、この戦争の空中戦で失われた戦闘機の六五パーセントは、空対空ミサイルによるものであった。

それでは、母機を離れて自ら敵を追う空対空ミサイルとはどのようなものなのだろうか。

ではまずAAMの平均的な仕様から見ていこう。ここではアメリカ、ロシア、フランス、イギリスの代表的なミサイル一〇種の平均値をとっている。

全長三・三メートル、直径二五・七センチ
重量一七〇キロ、弾頭重量二一キログラム
翼幅九七センチ、最大速度マッハ二・七

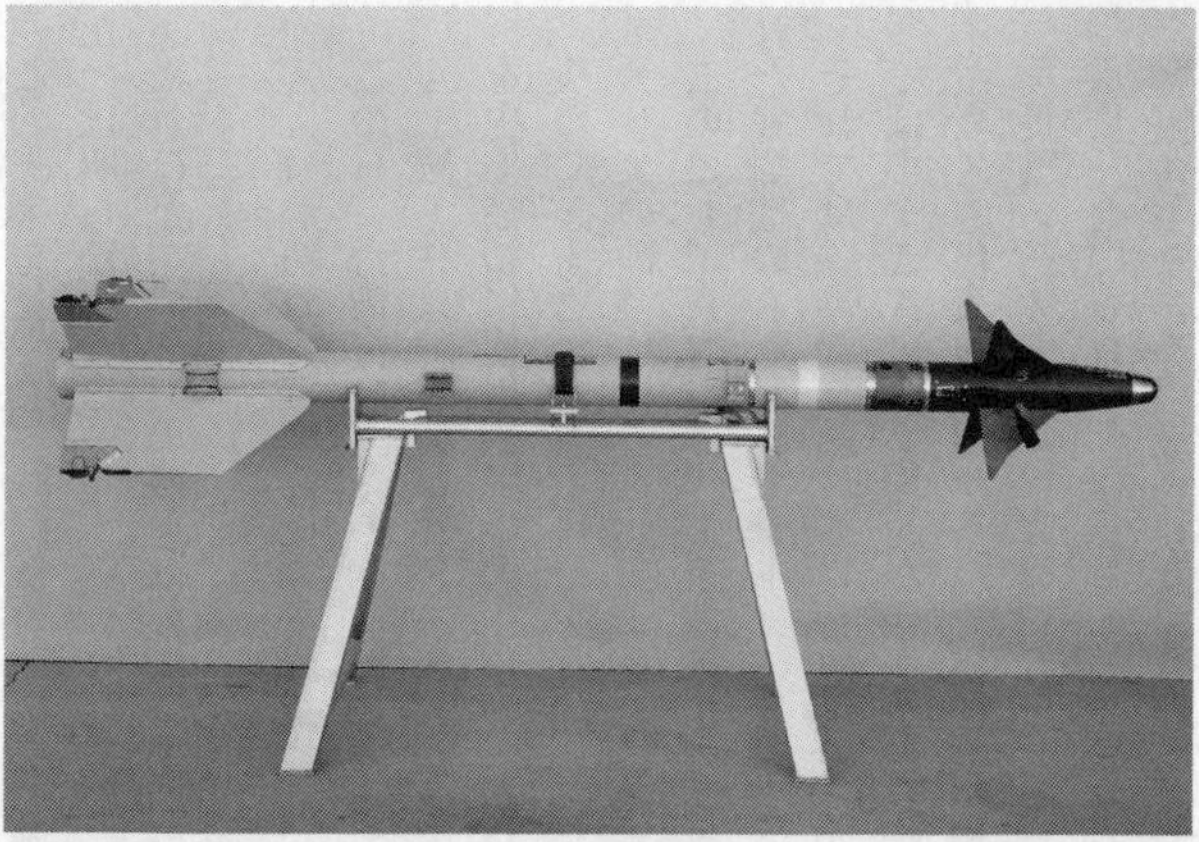

熱線追尾型の空対空ミサイル AIM-9 サイドワインダー

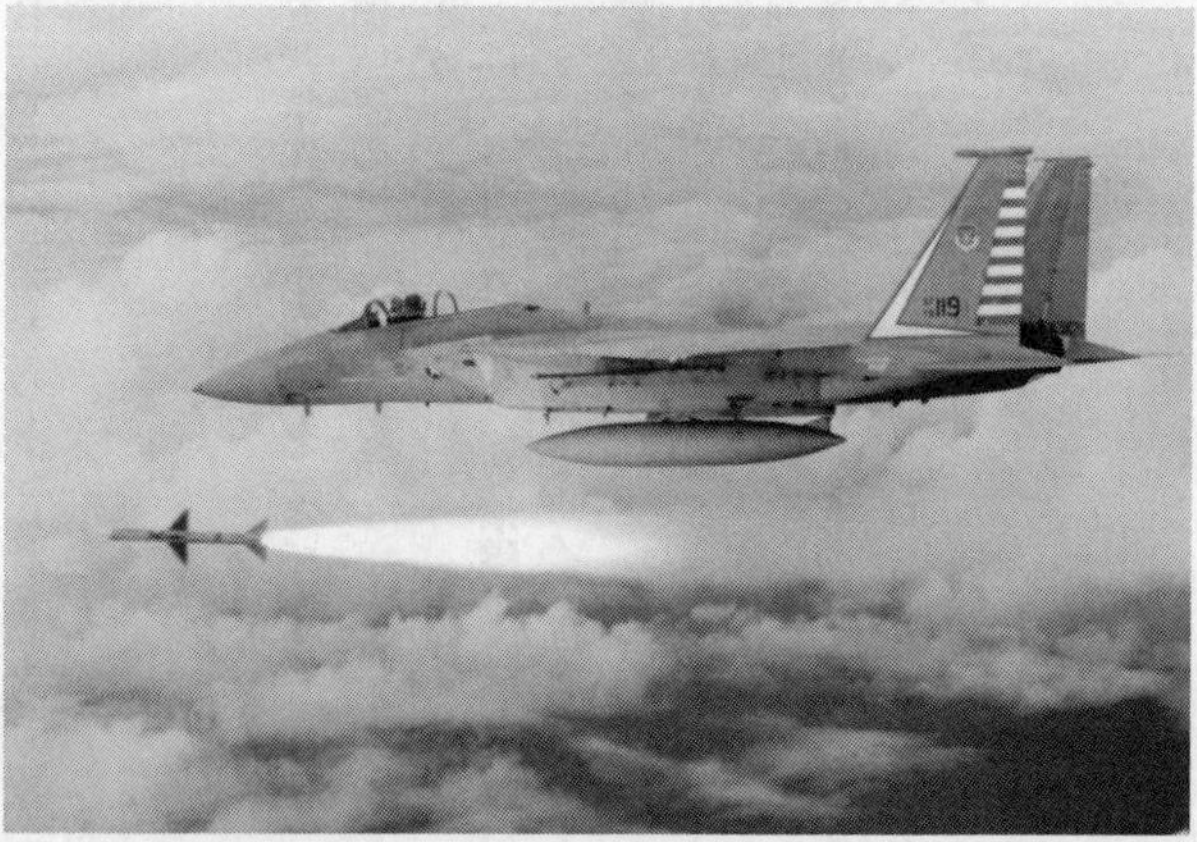

レーダー誘導タイプの空対空ミサイル AIM-7 スパロー

射程二一キロ、推進はすべて固体ロケットとなる。次に最小、最大のAAMを比較すると、

○最小　アメリカのサイドワインダーAIM－9
二・九メートル、一二・七センチ
八六キロ、一一・三キログラム
六三センチ、マッハ二・五
五キロメートル

○最大　アメリカのフェニックスAIM－54
四メートル、三八センチ
三八〇キロ、六〇キログラム
九一センチ、マッハ三
約七〇キロメートル

AAMにはここに掲げた値より小さく、また大きなものも見られるが、他の用途に開発されたタイプの改造型なので、ここでは省略している。

さてAAMの平均値を見ると、電柱の半分ほどの寸法の金属筒に小さな翼が付いている、といった格好である。ただしその金属筒は音速の二・五倍で飛翔し、一機五〇億円を超えるジェット戦闘機を鉄クズに変えてしまうほどの力を持っているのである。

AAMの誘導方式については二種類あり、

○熱源追尾型（赤外線誘導）
○レーダー追尾型（セミ・アクティブ・レーダーホーミング、母機の支援が必要）
となっている。これ以外に慣性誘導タイプ、あるいはこれらの組み合わせも見られる。

一般的には射程の短いものは熱線追尾、中・長距離のものはレーダー追尾となっている。

いったん格闘戦となったら射程は短いものの、構造が簡単で小型の熱線追尾型が有利で、価格もこのタイプの方が安い。

代表的なサイドワインダーは、すでに七万発以上製造されている。旧ソ連はこれをそっくり真似て、AA2アトールを開発した。

外観、寸法、構造まで全く同一、専門家以外には見分けがつかない。

初期の熱線追尾型AAMは、敵機の後方に回り込まないと発射できなかったり、発射しても敵機を追わず、太陽に向かって飛んでいってしまったりといったマイナス面が多々見られた。

現在のものでも射角についてはいくつかの制限が残ってはいるものの、それも急速に減少している。

現用のAAMの約七割、弾数で言えば九割がこの熱線追尾型である。

そのまた半分を占めるのが前述の「サイドワインダー」で、このニックネームはまさに的を射ている。なぜなら猛毒を持つ中型の蛇の視力は極めて弱く、その代わりに極めて鋭敏な赤外線センサーを備えているといわれる。

敵、あるいは獲物を見つけて攻撃するのに、視力ではなく熱を使う。この事実を知るとサイドワインダーの名の由来がはっきりするのである。

一方の慣性、レーダーホーミングの利点は、中・長距離（二〇ないし六〇キロ）の射程を持つことである。場合によっては、肉眼で視認できないような距離から敵機を攻撃する。攻撃された側も、全く突然にミサイルによって撃墜されてしまうのである。

湾岸戦争のさいに、アメリカ空軍のＦ－15イーグルがＡＷＡＣＳ（空中警戒・管制機）の指示によって、三〇キロの距離でイラク軍機を撃墜している。

使用されたのはスパローＡＩＭ－７と思われるが、これはセミ・アクティブ・レーダー誘導の大型（重量二三〇キロ）のＡＡＭである。

ところで現代の戦闘機は、何発のＡＡＭを搭載できるのであろうか。

本格的な空中戦が予想されるような場合、熱線追尾型、レーダーホーミング型の二種のミサイルを搭載せざるを得ず、通常の哨戒の時とは大幅に異なる。

このため状況によって搭載数はまちまちで、最小四発、最大一〇発といったところである。

ＡＡＭの装備数が多く、またそれを運用する能力が優れているといわれているのが、すでに引退しているアメリカ海軍のＦ－14トムキャットである。

F－14はその任務に応じて、次のようにミサイルを選択して搭載する。
短射程のAAMサイドワインダー〝S〟
中　〃　スパロー〝SP〟
長　〃　フェニックス〝F〟
(1)長時間の哨戒飛行（CAP）
S×二発、SP×六発、あるいは
S×四発、SP×四発
(2)長距離の侵攻作戦
S×二発、F×六発、あるいは
S×二発、SP×三発、F×二発
(3)激しい空中戦が予想される場合
S×二発、SP×二発、F×四発
F－14は複座で後席にレーダー迎撃・管制士官（RIO）を乗せている。彼はAWG－9／10と呼ばれる火器管制装置を扱い、

『一〇〇キロ離れた最大二四機までの目標を探知し、そのうちの六機の敵を選択し、個別に攻撃する』

ことができる。そしてなお二発のサイドワインダーを残しているのである。

ただしAAMも決して万能ではない。

発射時の条件が良ければ九〇パーセントの命中率を期待できるが、天候の具合や整備の状況によって、それが低下することも少なくない。

ベトナム戦争における空中戦のさい、低空で米軍機の発射したサイドワインダーが狙ったミグ戦闘機には向かわず、走っている蒸気機関車に命中した実例もある。

また雲の多い場合の空中戦で、第一発目が敵機に命中しているにもかかわらず、それを確認できないまま、次々とミサイルを発射したことも珍しくない。

敵機の完全な撃墜を狙うとすれば、やはり二発発射する必要があるようだ。

この点からも最新のAAMは、種々の優れたシステムを複数取り入れ、能力を向上させている。

たとえばアメリカ軍が大量に装備しはじめたアムラームAIM-120（AMRAAM：「発展型中距離空対空ミサイル」の頭文字を並べたもの）は、慣性誘導（外部からの入力なしに自己の位置とコースを確認できるシステム）で飛翔するが、それをアクティブ・レーダーでバックアップしている。そして小型コンピューターが二つのシステムのデータを読み込み、ミスをなくす。

また直接命中しなくとも、二〇メートル以内に接近すれば、三種の信管が別々に目標物の存在を判断して二〇キロの爆薬を爆発させる。

爆発の威力に加えて、マッハ三の運動エネルギーが猛スピードで破片を敵機にぶち当てるのである。

また〝アムラーム〟にはもう一つ大きな長所がある。

これまでのセミ・アクティブ・レーダー・ホーミング（ＳＡＲＨ）は、発射したあと母機がレーダーでミサイルを一定の距離まで誘導してやらなくてはならなかった。

しかしアムラームは自身がレーダーを持ち、自分から敵機を探すのである。したがってミサイルを発射したら、母機はそのまま帰還することができる。

つまり、機動力の大きな戦闘機を目標とする、史上初の〝撃ちっ放しFire and Forget〟ＡＡＭなのである。

このようにＡＡＭの進歩もまた著しい。

今後しばらくの間、ＡＡＭの主流は二種にしぼられ、

短距離　熱線追尾型サイドワインダーの発展型

中・長距離　慣性誘導、アクティブ・ホーミングのアムラーム・タイプ

となるのではあるまいか。

第2章　ジェット戦闘機の性能

戦闘機の性能・その1

高価なものでは一機五〇億円を超え、支援機器を加えると同じ重さの金塊に等しいほどの戦闘機の能力は、結局のところどんな要素によって評価されるのであろうか。

ひと口に言ってしまえば、高い性能にそれだけの費用が注ぎ込まれているということでもあり、その評価がなかなか難しい。

第一次世界大戦（一九一四〜一八年）当時の複葉、布張りの戦闘機ならともかく、現在のそれはあまりにも複雑なのである。

しかし本書の主旨がジェット戦闘機の評価と性能の分析にあるのだから、困難を承知でこれに取り組んでみよう。

性能の良否は、戦闘機である限り、

一、空中戦における勝利

二、対地攻撃能力

によるが、特に最初の項は重要である。戦闘機の存在理由をつきつめていけば、制空権の確保に行き着くからだ。

したがって、ここでは目的を空中戦の勝利に限って話を進めていくことにする。こうなるとおぼろ気ながら、優秀な戦闘機の条件が見えてくる。

○直接的な要因・その1

a　機体の優秀性
b　機器の信頼性
c　索敵、識別機器の能力
d　高性能の兵器の運用
e　操縦、取り扱いの容易性

○直接的な要因・その2

a　長距離飛行能力
b　ペイロード（搭載重量）の大きいこと
c　軽く、強靱な機体
d　強力なエンジンで、かつ燃料消費が少ないこと
e　強力なレーダー
f　優れた火器管制システム
g　優れた生存性（サバイバビリティ）
h　機体がなるべく小型であること
i　ステルス的な形状を持つこと

などだが、もちろん細かく見ていけばまだまだ多くの項目が存在する。

例えば離着陸のさいの性能、価格の問題、整備のしやすさ、部品の互換性など数限りなくある。

またこれに伴って高価で高性能の戦闘機を少数そろえるか、あるいは安価で一応の水準の戦闘機を多数用意すべきか、といった問題もある。

加えて戦闘機の乗員を一人にすべきか、二人（パイロット＋管制士官「RIO」）必要か、これも結論が出ていない。

戦闘機は宇宙ロケットと同様に科学技術の最先端を行くものだけに、比較要素がいくつも存在する。

このあたりになると、戦闘機の性能はその国の持つ国際戦略とも結びついてきて、検討は困難を極めるのである。

言いかえれば、戦闘機の研究もまた哲学などと同様に、決して結論の出ない混沌の中に陥ってしまう可能性さえ小さくない。

そこで問題の本質に立ち戻り、数値で示すことのできる性能評価のみを取り扱う。

具体的な性能としては、

一、大きな速度性能、瞬発的な加速力

二、大きな上昇性能（定常上昇、ズームアップ上昇）

三、大きな上昇限度

四、大きなロール率（横転性能）
五、大きな旋回性能
別の分野におくべきものとして航続力がある。そして前記の各項を可能にするために、
一、推力重量比が大きいこと
二、翼面推力が大きいこと
三、翼面荷重が小さいこと
といった図式が必要となる。なかでも推力重量比が一を超すのは特に重要といえる。

最新のジェット戦闘機は、自重の一・八倍、平均重量の一・五倍、最大重量の一・一〜一・二倍の推力重量比を持っている。

パイロットを乗せ、燃料と兵装を満載しても、そのまま垂直に上昇できるのである。

この場合、主翼の発生する揚力を全く期待しなくともかまわない。したがって推力重量比はそのまま上昇力に直結し、またその他、加速性にも影響する。

エンジン推力を翼面積で割ったもの、すなわち翼面推力はレシプロ戦闘機の場合の翼面馬力と同様に、速度の関数であって、この数値が大きいほど高速であると考えてよい。

もっとも最新の戦闘機については、最大速度はあまり重要視されておらず、M（マッハ／音速を示す単位、海面上で三四〇メートル／秒、時速一二二四キロ／時）の値は二・〇から三・〇の間にあれば合格となっている。

ジェット戦闘機の翼面荷重（重量を翼面積で割ったもの）は、ロッキードF－104に代表さ

れるように一時的に大きくなった。しかしそのあとは反動のように少しずつ減少していく。その典型的な例が、最新鋭戦闘機である同じくロッキードF－22である。
翼面荷重は旋回性の関数であり、また横転率（ロール・レシオ）にも関係する。
旋回性、横転率は単位時間当たりの角度によって示され、運動性（機動性）を表わす重要なファクターとなっている。
本来ならこのいずれの要素も多数の数式を使って説明していくべきなのだが、ここでは省略する。なぜなら現代の戦闘機の性能のほとんどは、次に示す簡単な式によって示されるからである。
余剰パワー率　SEP率
　SEP＝V（Tmax-D）／W
余剰推力比　SET比
　SET＝（Tmax-D）／W
ただしSEP：Specific Excess Power Ratio
　　　SET：Specific Excess Trust Ratio
V・速度、Tmax・最大推力
D・空気力学的抵抗、W・機体重量
いずれも無次元量で単位なし
二つの式を見れば容易にわかることではあるが、これらが示すところは推力の余裕と重量の比であって、それはそのまま推力重量比となる。

ＳＥＴは直接それを示し、ＳＥＰでは速度が加わる。どちらの式も極めて簡単であるが、実際に計算しようと試みた場合にはなかなか難しい。

Ｖ、Ｔｍａｘ、Ｗはすぐに算出できるのだが、空気力学的抵抗Ｄは、

一、形状抵抗係数　C_D

二、空気密度　ρ（ギリシャ文字のロウ）

三、飛行速度　ν

四、前面投影面積　Ｓ

などからなり、四を除いてそれがすべて変数なので、個々の条件を与えない限り、算出できないのである。そのため近似的に推力重量比をとるほか、方法がない。

言いかえれば、先の式のとおりジェット戦闘機の性能のほとんどは、推力重量比で決定されていると考えてよいのである。

たとえばのちに示す戦闘機の性能要素のうち旋回に関する

一、旋回半径

二、旋回率（ターン・レシオ）

三、旋回時の荷重倍数

はすべてＳＥＴの関数となっている。

加えてズームアップ時の上昇力も、また速度×ＳＥＴで表される。

この点ではレシプロ戦闘機以上にすっきりしている。

つまり戦闘機同士の空中戦、それも多数機が入り乱れて戦うような格闘戦（ドッグ・ファイト）になったら、
一、軽い機体に強力なエンジンを装備した戦闘機で
二、速度を維持したまま戦うこと
が勝利への秘訣である。特に互いのAAM（空対空ミサイル）を使い果たし、機関砲のみを武器として戦う場合など、この二つが絶対的な条件であろう。

そう考えると、レシプロ戦闘機もジェット戦闘機も、空中戦がドッグ・ファイトの形をとる限り、勝利への鍵は変わらないようである。

もう一つ重要な項目は、航続力である。

いかに優れた戦闘機であっても、戦場へ到達できなければ存在価値は無いに等しい。太平洋戦争初期に日本海軍の零式艦上戦闘機があれだけの活躍ができたのも、突出した長距離飛行能力があったからである。

逆に一九四〇年の夏から秋にかけてのヨーロッパ戦線において、ドイツ空軍ルフトバッフェが、イギリス上空の制空権を獲得できなかったのは、主力戦闘機メッサーシュミットＢｆ109の航続力の不足が原因であった。

この二つの例を見れば、ある戦闘機の航続性能が、その国の運命を決めることさえあり得

ることがわかる。

また航続力は、言いかえれば滞空時間が長いことを意味する。都市や重要な基地、艦隊の防空を任務とする場合、長時間飛行できれば、それだけ有利である。

こう考えれば、

一、搭載燃料がなるべく多いこと

二、燃料消費量がなるべく少ないこと

三、空中給油が可能であること

は主力戦闘機の絶対的な条件とも言えるであろう。

一、二は戦闘機の性能とも直接関連するので数値に表わすことは難しい。

しかし空中給油機を保有し、また戦闘機が給油可能なシステムを持っているかどうかという点については、徹底的に検討されなくてはならないはずである。

日本の航空自衛隊の戦闘機は、本来空中給油が可能なように設計されていながら、外交関係を重視するという理由でこのシステムを持っていなかったが、最近では配備が完了している。

アメリカをはじめとして各国の空軍は、この面に力を入れており、空中給油によって戦闘機の持つ潜在的な能力を飛躍的に向上させている。

たんに長距離飛行の必要性だけではなく、防空戦闘、対地攻撃のさいの兵装を増やすためにも、新しい戦闘機は空中給油システムを持っていなくてはならないのである。

戦闘機の性能・その2

それでは次に前項で掲げた種々の性能を、実際の数値から見ていくことにする。

ジェット戦闘機の寸法などは比較的簡単にわかるが、いくつかの性能に関しては容易に把握できず、入手に苦労した。

それでも欧米、一部にロシアの資料をめくると、ほぼ必要な数値が集まった。

一、速度性能

正確な数値は計測時の条件によって異なるから、せいぜい有効数字が二ないし三ケタのマッハ数（音速を一としたときの比）で示す。

ほとんどの戦闘機が高度一〇ないし一三キロで二・二ないし二・四（時速二七〇〇キロ、二九〇〇キロ）を発揮する。

実用戦闘機でもっとも高速なものは、旧ソ連のミコヤンMiG‐25フォックスバットで、マッハ二・八七（三五一〇キロ／時）の飛行が確認されている。

MiG‐25は条件さえ良ければ、M二・九の速度で飛ぶことができる。しかし高空では音速の二倍で飛行可能な新鋭機も、空気の濃い（空気密度の大きい）低空では、その半分の速度しか発揮できない。

特に高度三〇〇〇メートル以下では、M一・二（一五〇〇キロ／時）が限度である。

二、加速性能

記録されている最大の加速力は、旧ソ連のE256実験機が出した八・七メートル／秒×秒で、これは世界最高の性能を持つスポーツカーの二・五倍、レーシングカーの二倍に当たる。

実用機（たとえばF－15イーグル）でも、兵器を全く搭載せず、燃料も極限まで減らせば（これをクリーン状態と呼ぶ）、七・五メートル／秒×秒の加速は可能であろう。

三、上昇性能

上昇限度は一八キロから二〇キロであるが、ズームアップ（高速から引き起こし、その運動エネルギーを利用する）の場合は、二八キロまで昇ることができる。

記録樹立を目的としたF－15イーグルの改造型は、二分三八秒で二五キロに達した。平均上昇力は一五八メートル／秒である。

しかしもっとも効率の良い空域（八〇〇〇メートル付近）では、三三二メートル／秒という素晴らしい数値を記録しているから、より高性能のロッキードF－22ならば、上昇中に音速を超えることも可能である。

ただしくり返すが、これらの数値はクリーン状態時のもので、燃料満載、ミサイル、爆弾を搭載すれば三分の一以下となる。

四、ロール率（横転率）

推進方向を軸として三六〇度機体を回転させることをロール（横転）という。空中戦のさいには、単位時間当たりのロール率（角度）が大きいことが重要となる。ロール率は一回転に要する時間、あるいは時間当たりの角度で示される。

現在配備されている戦闘機の中で、もっともロール率が高いのは、F－16ファイティングファルコンで、一回転あたり二・七秒（一秒間に一三三度）となっている。これに次ぐのは、主翼を後退させたときのF－14トムキャット、ミコヤンMiG－21フィッシュベッドで二・九秒である。

五、旋回率

一回の三六〇度旋回に要する時間、あるいは一秒当たりの旋回角度で、これまた敵のミサイル、対空砲火を回避するために重要な性能といえる。

この旋回率は飛行速度によって異なるから簡単に比較できないが、一応目安となる数値を掲げておこう。

高度一〇キロ、速度一一〇〇キロ／時の定常旋回にかかる時間は、一一二秒（一秒当たり三・二度）、旋回半径は四・二キロとなる。

これらF－16のデータだが、このときの重量などは明らかにされていない。

速力を落とせば旋回半径は小さくなるが、旋回率は低下する。

また旋回のさい問題になるのは、機体の性能よりもパイロットへの肉体的負担である。定常旋回の場合では、パイロットは二・八G（体重が二・八倍になる）に二分間耐えなくてはならない。

より激しいターンとなれば、三〇秒以上にわたって五〜六Gがかかり、パイロットが失神する可能性さえ高まるのである。

当然パイロット用耐Gスーツ、仰《あお》むけに寝た形のシートなどの採用により、負担を軽減する処置はとられてはいるが、効果は絶対ではない。

そのため新しい戦闘機であっても、旋回率を向上させるのは困難と言っても良いようだ。

六、航続距離

これまた正確な値はつかみにくいが、ともかくカタログデータから大きい数値を取り出してみよう。

いずれもフェリー（機体自身を飛行によって輸送すること）の場合の数値である。

F－14トムキャット	三二〇〇キロ
F－15イーグル	五七〇〇キロ
MiG－29ファルクラム	二一〇〇キロ
Su－27フランカー	二四〇〇キロ

トーネードADV　　　　三六〇〇キロ
ミラージュ二〇〇〇　　二八〇〇キロ
いずれも兵装をすべて下ろし、二ないし四個の増槽（増加燃料タンク）を装備した状態である。

F－15イーグルの航続力が圧倒的に大きいのは、侵攻後の制空戦闘を目的としているからであろうか。

ただしこの長距離飛行能力は、性能比較の基準になりにくい。なぜなら次のような例も見られるからである。

ベトナム戦争のさい、北ベトナム（当時）爆撃に向かう米軍機は、爆弾を限度いっぱいに積み込み、燃料は三〇パーセント程度で離陸していた。

これでは航続力が完全に不足するが、その対策として離陸後一時間以内に空中給油を受けるのである。

つまり燃料を減じてまで爆弾搭載量を増やし、その後の空中給油によって長距離飛行を可能にしている。こうなると航続力の比較はひとつの目安でしかなくなる。

そのため戦闘機（攻撃機も）の航続力を比較する項目として〝戦闘行動半径〟が使われはじめた。

一般的には離陸して戦場上空へ向かい、三〇分程度滞空、任務を果たして帰還となる。

この戦闘行動半径は、

F－14トムキャット　一二〇〇キロ
F－15イーグル　一九〇〇キロ
MiG－29ファルクラム　九〇〇キロ
Su－27フランカー　一一〇〇キロ
トーネードADV　一三〇〇キロ
ミラージュ二〇〇〇　七〇〇キロ

であるが、任務の内容（制空、地上攻撃など）によって大きく異なるのは当然である。

フェリー航続距離、戦闘行動半径については、アメリカ製の戦闘機がいずれも大きい。また燃料搭載量が多い大型戦闘機が、長い距離を飛行できるのは当然である。

かつてソ連の戦闘機の航続力は貧弱であったが、大型戦闘機スホーイSu－27の登場によって大幅に改善された。

独自に戦闘機を開発しているフランスは、空中給油システムにあまり興味を示さずにいる。

七、離着陸性能

軍用機にとって、狭い滑走路から発着できるということは必要かつ重要な条件である。

いったん戦争となれば、大航空基地は最初に敵の目標となり破壊される。

その後は設備の劣悪な小さな飛行場の短い滑走路を使用しなければならない場合も少なくない。短距離で離陸、着陸ができるか、できないかで明暗が分かれるのである。

強力なカタパルト（射出機）、停止用のワイヤを備える航空母艦の飛行甲板は別にして、滑走路の長短は戦闘機の死活問題となる。

しかし戦闘機の離着陸距離を大型旅客機（たとえばボーイング747ジャンボ機）と比較すると、かなり短い。

F－15イーグル　　離陸（気温一五度）
クリーン状態　四五〇メートル
フル装備　　一二三〇メートル
　　　　　　　同着陸
最小　　　　八二〇メートル
最大　　　一一五〇メートル

いずれもB747の半分程度である。着陸時に制動傘（ドラッグシュート）を使用すれば、その距離は六〇パーセントに縮めることができる。

滑走路は長ければ長いほど良いが、いずれの戦闘機も二四〇〇メートルの滑走路があれば十分であろう。

これに対してB747は少なくとも三〇〇〇メートル（できれば三五〇〇メートル）欲しい。

これまで駆け足でジェット戦闘機の性能を数値で追ってみた。

ジェットエンジンの推力一トンは、約一七〇〇ないし一八〇〇馬力に相当するから、

F－15イーグル／双発　三万六〇〇〇馬力
重量一八トンとすると、重量一キロ当たり二馬力となる。

地上最高の性能を誇るレーシングカーＦ１（フォーミュラ・１）でも、発揮できる出力は一キログラム当たり一馬力である。

したがってジェット戦闘機はその二倍の出力を使っていることになり、高性能は当然とも言える。

現代においてこれを超す比率を持つビークル（Vehicle：広義の〝乗り物〟）は、スペースシャトルなどの宇宙ロケットしか存在しないようである。

ジェット戦闘機の運動性比較

戦闘機同士の戦いに触れる前に、それぞれの運動性能について調べておこう。
運動性能（機動性能ともいう。Maneuverability）の要素としては、
プロペラ戦闘機の場合
ａ　馬力（出力）荷重
重量と出力の比、上昇力、加速性能に関連
ｂ　翼面荷重
重量と翼面積の比、旋回性能に関連

c　翼面馬力　出力と翼面積の比、最大速力に関連

といった形で表わされる。

ジェット戦闘機ではエンジン出力（馬力）に代わってエンジン推力を使えばよい。

したがって、

a′　推力重量比　　推力／重量

b′　翼面荷重　　重量／翼面積

c′　翼面推力　　推力／翼面積

が運動性能にとってもっとも重要である。

については、新しい戦闘機であればあるほど、あまり問題にならなくなる。

なぜなら最高速度は空中戦（ドッグ・ファイト）の場合、ほとんど意味がない。いかにマッハ・二（時速二五〇〇キロ弱）が発揮可能な戦闘機といえども、高速で急旋回、横転（ロール）が頻繁にくり返される格闘戦においては、可能な速度はせいぜいマッハ・一といったところである。

マッハ・二を超える速度で急旋回したら、たとえ耐Gスーツを着用していても、パイロットは間違いなく失神するし、機体の強度も懸念される。

このため入り乱れての格闘戦を想定したとき、重要なのはa′とb′なのである。

a′は大きければ、それだけ有利

b′は小さければ、それだけ有利
といった関係になる。しかし翼面荷重は、推力重量比ほど直接運動性能に寄与しない。
これらを考慮して、格闘戦における戦闘機の性能を示す簡易式を作ると、
運動性能　A
推力重量比　B
翼面荷重　C
として、
$A = B/\sqrt{C}$
となる。翼面荷重の平方根（ルート）をとっているのは、寄与の度合いを小さくするため
である。
きわめて簡単な式だが、これによって明らかになるのは、
一、軽い機体に推力の大きなエンジン
二、比較的大きな主翼。ただしなるべく抗力（抵抗）の小さい翼形状をもったもの
が有利ということである。
このような簡単な数式で、本当にジェット戦闘機の運動性能が判定できるのか、といった
疑問が生ずるのは当然である。
これに対する回答としては、物理的な説明を延々と述べなくてはならないが、それよりも
ともかく、『戦後の主要なジェット戦闘機の運動性能表』（72～78ページ）をご覧いただきた

い。

この表には、

アメリカ空軍　　一三機種
〃　海軍　　六〃
旧ソ連／ロシア空軍　一〇〃
イギリス空軍　九〃
フランス空軍　六〃
その他八ヵ国　一三〃
計　五七機種

のジェット戦闘機の性能を掲げている。

これらが二〇世紀に登場したジェット戦闘機のほとんどすべてと言ってよい。

特に実戦に参加した機種はすべて記載している。

表の中の最後の欄の性能指数は、

ノースアメリカンF－86セイバー（要目などは巻末を参照）

を基準（一〇〇）として、指数化している。

この数字が九〇であれば、運動性がセイバーの九〇パーセント程度、二〇〇であれば二倍と考えてよい。

指数の基準となるノースアメリカンF-86Fセイバー

この性能指数を見ていくと、時代と共に戦闘機の運動性が着実に向上していることがわかる。同時に各国の戦闘機の設計思想も理解できるのである。

たとえばアメリカは常に重戦闘機（大型で重く、長距離侵攻を目的とする）指向であり、一方ロシア（旧ソビエト）はスホーイＳｕ－27、ミコヤンＭｉＧ－25を除けば軽戦闘機（軽く、格闘戦を得意とし、迎撃戦闘に向いている）を重視してきた。

イギリスはどちらかといえばアメリカ型、逆にフランスはロシアに似ている。

この表についてもっとも大切な点は、『一般の航空ファン、エンスージアスト（熱中者）が考えている戦闘機の能力が、表中の数値と一致するかどうか』である。

専門家はともかく、我々のような航空マニア、アマチュアの研究者にとっては、この種の〝感覚と数値の一致〟が趣味の研究の奥深さを突きつめていく上で、なによりの楽しみとなる。

筆者自身が航空機（特に軍用機）のエンスージアストなので、楽しみながら表の計算を進められたことを書き添えておく。

注・計算のさい頭を悩ましたのは、算入する重量の数値についてである。資料によって大きく異なるのはもちろん、総重量、最大重量、最大離陸重量といった項目があり、どれを用いるべきか苦慮した。そのため原則として、自重（自重量、乾燥重量）と総重量の和を二で割り、平均重量としている。

2、言い換えれば、旋回性能を向上させるためにはT/Wを大きくするとともに、W/Sを小さくする必要がある。

3、A（アスペクト比）を大きくするのと同じT/W、W/Sに対して高G旋回が可能になる。この理由は誘導抵抗が減少するからである。ただし強度の問題は無視している。

次にこれまでの説明をもとに、使用した簡易式の説明を行なう。

T/W（推力重量比）をW/S（翼面荷重）の平方根で除したものをKとおく。

$(T/W)^2 = K \cdot W/S$

すると（T/W）はK・W/Sとなって、放物線のグラフ73ページの〈図2〉が出来上がる。

今回考案し、使用したような簡易式であっても、

1、数学的、物理的にきちんと裏付けられていること

2、かなり正確に航空機の性能をひょうじできること

を学んでいただきたい。

なおこの数式のチェックを、古い友人である運輸省航空宇宙研究所の主任研究員（当時）である浅井圭介氏にお願いした。お名前を掲げ感謝の意を表しておきたい。

注）この項で用いた簡易式について

この項で用いた簡易式による性能表示に、読者はあまりに簡単であるため、その正当性に疑念をお持ちになるかも知れない。それに答えるため少々難しいが、解説を付け加える。

航空機の性能計算に興味を持っている読者にはぜひお読みいただきたいが、そうでない方々は無視していただいて結構である。

使用する記号

T：推力、W：重量、S：翼面積、n：旋回時の荷重倍数、q：速度による動圧、CD：有害抵抗係数、A：主翼の縦横比、e：スパン効率、これよりT／W：推力重量比、W／S：翼面荷重、G：重力加速度、π：円周率。

nGの定常旋回を行なう場合のT／WとW／Sの関係は下記の式によって示される。

$$\frac{T}{W} = \frac{qC_D}{W/S} + \frac{W}{S}\left(\frac{n^2}{q\pi Ae}\right)$$

すなわちT／Wは、W／Sに比例する項と反比例する項の和という式になる。

これを72ページの〈図1〉に示すが、図中の点線で結んだものが最適値になる。戦闘機の設計者はこれに近づけるよう努力する。しかし一般的には高速性能重視の理由から、最適値より右側に設計値をおくように心がければよい。

また〈図1〉から、次の事柄が明確になる。

1、W／Sが同一ならばT／Wが大きいほど高いGの旋回が可能となる。

推力重量比と翼面荷重の関係

図 1

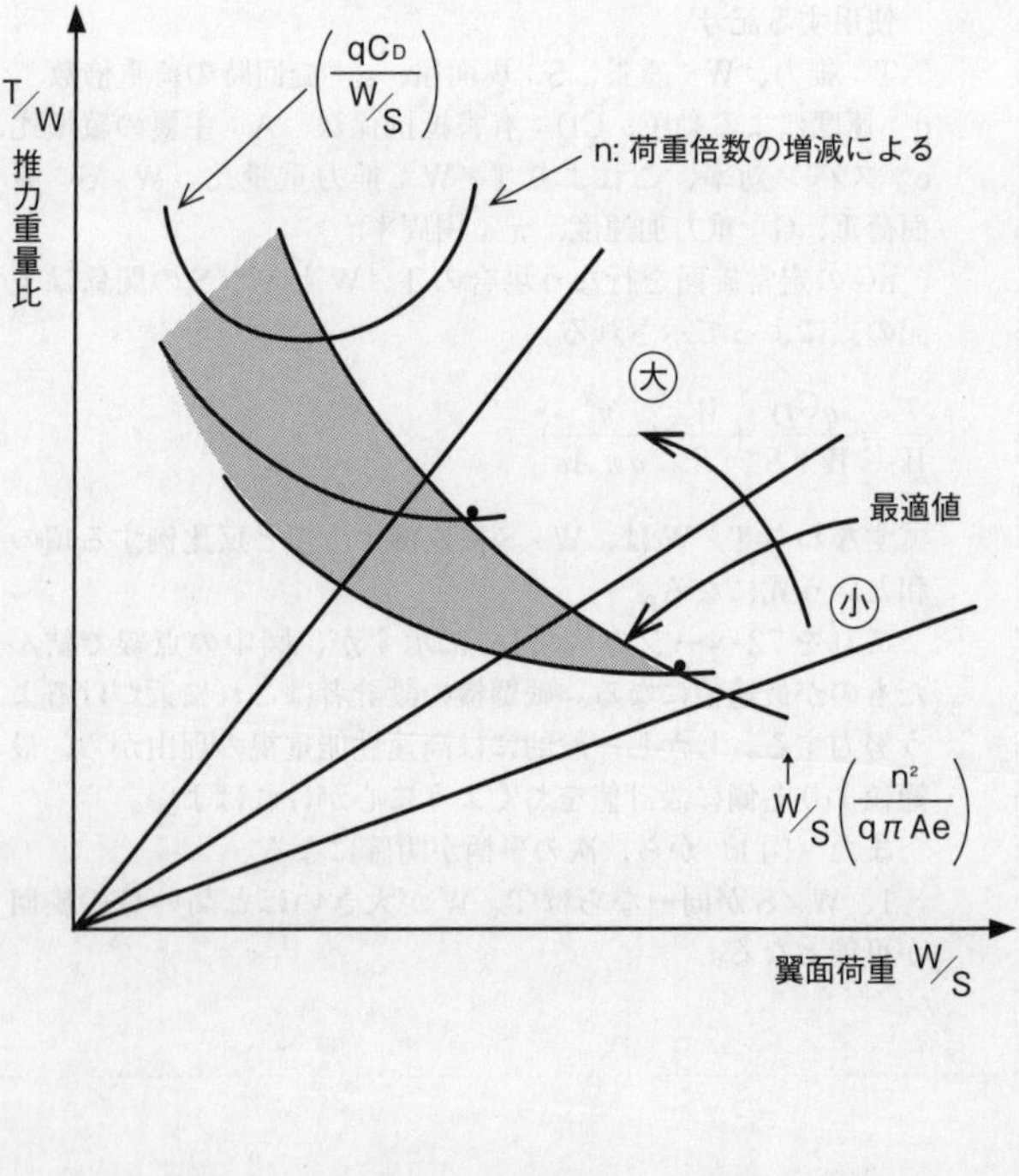

図2

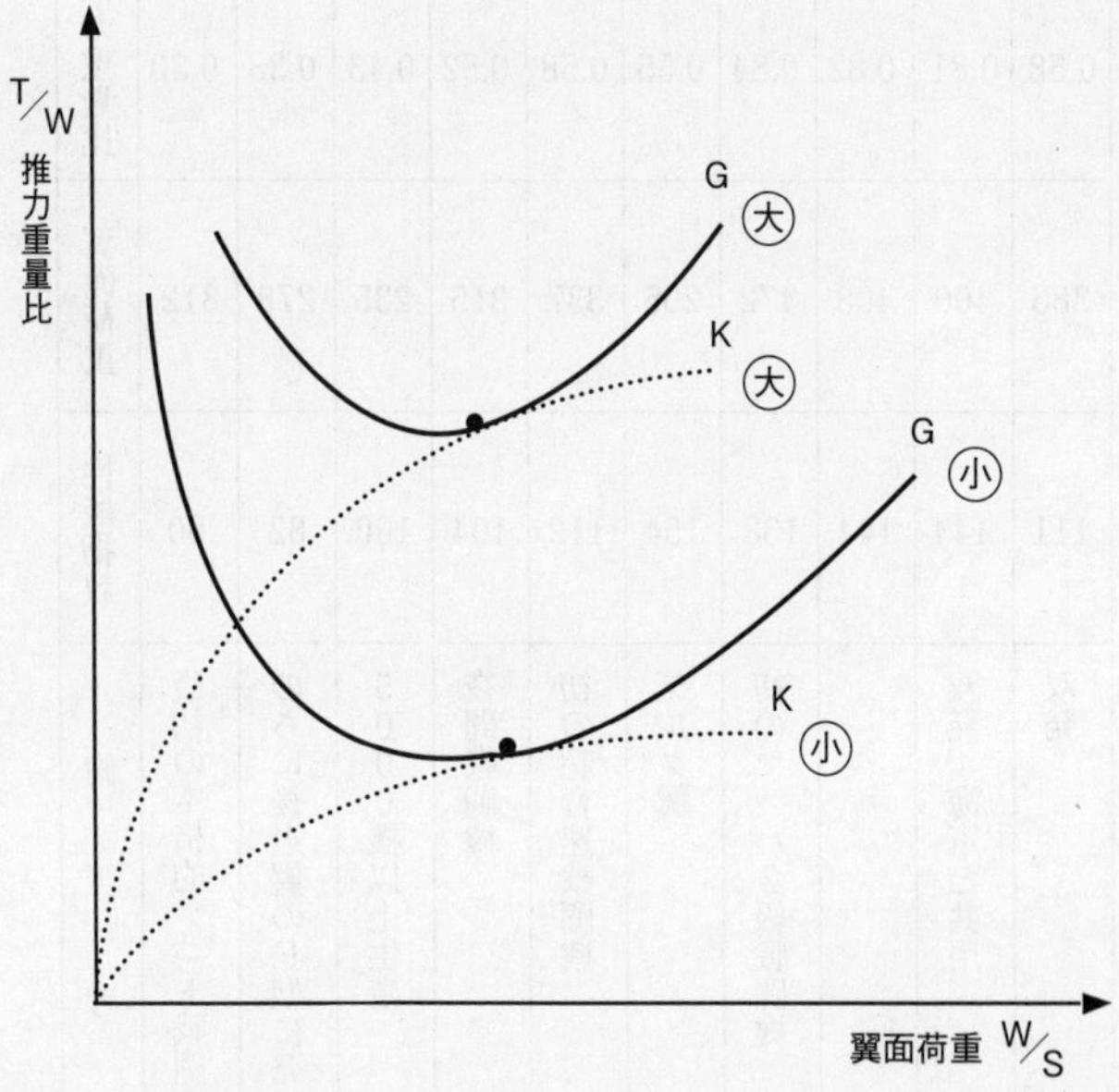
T/W
推力重量比
G
大
K
大
G
小
K
小
翼面荷重 W/S

アメリカ空軍戦闘機

機種名	推力重量比	翼面荷重	性能指数	備考
ロッキードF80シューティングスター	0.30	312	60	最初の本格的ジェット戦闘機
リパブリックF84Gサンダージェット	0.38	278	82	のちに後退翼のF型に発展
ノースアメリカンF86Fセイバー	0.43	235	100	5000機以上生産
ロッキードF94スターファイア	0.52	315	104	夜間戦闘機
ノースアメリカンF100スーパーセイバー	0.58	337	112	初の超音速戦闘機
コンベアF102デルタダガー	0.55	205	154	デルタ翼
ロッキードF104スターファイター	0.84	472	138	初のマッハ2級戦闘機
リパブリックF105サンダーチーフ	0.82	408	144	
マクダネルF4ファントム・II	0.81	400	144	双発、海軍と共用
ノースロップF5タイガー	0.58	386	111	双発

アメリカ空軍戦闘機の続き

機種名	推力重量比	翼面荷重	性能指数	備考
マクダネルダグラスF15イーグル	1.09	339	211	双発
ジェネラルダイナミックF16ファイティングファルコン	0.90	448	151	
ロッキードF22ライトニング・2	1.38	338	268	双発
アメリカ海軍戦闘機				
グラマンF9Fパンサー	0.32	174	86	のちに後退翼のクーガーに発展
マクダネルF2Hバンシー	0.44	278	94	双発
ボートF8クルセーダー	0.74	319	147	迎え角可変の主翼付
マクダネルF4ファントムII	0.81	400	144	双発、空軍と共有
グラマンF14トムキャット	0.96	469	157	双発、可変翼
マクダネルダグラスF／A18ホーネット	0.89	441	151	双発

イギリス戦闘機

機種名	推力重量比	翼面荷重	性能指数	備考
グロスター・ミーティア	0.30	210	74	双発
デ・ハビランド・バンパイア	0.33	177	89	双胴
ホーカー・ハンター	0.57	221	136	２０００機以上生産
フォーランド・ナット	0.67	176	203	超小型戦闘機
イングリッシュエレクトリック・ライトニング	0.86	487	137	双発（上下）＊
ＢＡｅハリアー（シーハリアー）	1.21	478	197	ＶＴＯＬ機（国際共同）
パナビア・トーネードＩＤＳ	0.76	593	110	双発、可変翼（同）
ＳＥＰＥＣＡＴジャガー	0.63	434	108	双発（同）
ユーロファイター２０００	1.27	290	266	カナード付デルタ翼（同）＊

旧ソ連／ロシア戦闘機

機種名	推力重量比	翼面荷重	性能指数	備考
ミコヤングレビッチMiG15ファゴット	0.60	190	155	15000機以上生産
ミコヤングレビッチMiG17フレスコ	0.65	210	163	
ミコヤングレビッチMiG19ファーマー	0.81	214	197	双発
ミコヤングレビッチMiG21フィッシュベッド	0.76	218	183	9000機以上生産
ミコヤングレビッチMiG23／27フロッガー	0.65	456	108	可変翼
ミコヤングレビッチMiG25フォックスバット	0.86	397	172	双発、高高度戦闘機
ミコヤングレビッチMiG29ファルクラム	1.14	382	208	双発
スホーイSu7フィッター	0.73	328	144	可変翼
スホーイSu17／22フィッター	0.78	354	148	可変翼
スホーイSu27フランカー	1.09	371	202	双発 *

フランス戦闘機

機種名	推力重量比	翼面荷重	性能指数	備考
ダッソー・ウーラガン	0.41	240	94	
ダッソー・ミステール	0.63	175	169	
ダッソー・エタンダール	0.30	259	130	
ダッソー・ミラージュⅢC	0.61	295	126	デルタ翼
ダッソー・ミラージュF1	0.73	468	120	
ダッソー・ミラージュ2000	0.89	266	194	デルタ翼

日本戦闘機

機種名	推力重量比	翼面荷重	性能指数	備考
三菱F－1	0.87	368	161	＊
三菱F－2	0.85	468	140	＊

その他の国の戦闘機

機種名	推力重量比	翼面荷重	性能指数	備考
イタリア				
フィアットG91	0.44	317	88	*
インド				
HAL HF24 マルート	0.51	266	111	双発
スウェーデン				
サーブJ29	0.46	179	122	
サーブJ32ランセン	0.53	327	104	*
サーブJ35ドラケン	0.70	228	165	ダブルデルタ翼 *
サーブJ37ビゲン	0.78	359	147	カナード付デルタ翼 *
サーブJ39グリペン	0.91	301	187	カナード付デルタ翼 *

その他の国の戦闘機の続き

機種名	推力重量比	翼面荷重	性能指数	備考
イスラエル				
IAIクフィールC2	0.76	306	155	カナード付デルタ翼
中国				
シャンヤンF8	0.84	336	165	*
カナダ				
アブロカナダCF100カナック	0.56	338	108	双発　*
台湾				
AIDC 1DFチンクオ	0.94	325	186	双発　*

*印：実戦に参加していないことを示す

第3章　空中戦の実態／1950年代

朝鮮戦争（一九五〇年六月～五三年七月）

戦争の概要

第二次大戦後の世界は自由主義国家群と共産圏の新たな対立で幕を開けたが、この両者の確執が朝鮮半島で実際に火を噴いた。

これまで日本の統治下にあった朝鮮は、終戦後北部をソ連軍、南部をアメリカ軍にそれぞれ分割占領され、しかも北緯三八度線を境にして双方はにらみ合っていた。

一九四八年、互いの統治者の厚い庇護《ひご》のもと南は韓国（大韓民国）、北は北朝鮮（朝鮮民主主義人民共和国）として、それぞれ独立。民族統一が叫ばれながらも、イデオロギーの相違から両者は敵対する。

社会主義を標榜する北は、金日成首相という強力なカリスマのもと、中ソの支援を得ながら急速にその軍事力を強化していった。一方南では、北の息のかかった南朝鮮労働党（共産党）が各地で反政府活動を展開し、政治・経済とも混乱の極みに達していた。

一九五〇年に入ると、南北の軍事力の差は誰の目にも明らかになる。

〈韓国〉

兵員数…九万八〇〇〇人（八個師団）
重砲九〇門、装甲車三〇台、艦艇六二隻
〈北朝鮮〉
兵員数…一三万五〇〇〇人（一〇個師団）
重砲六〇〇門、戦車一二〇台、装甲車七〇台、戦闘用航空機二〇〇機、艦艇五一隻

韓国側は一台の戦車、一機の戦闘用航空機すら装備しておらず、また有効な対戦車火器もなかった。加えてその兵員も野戦警察軍的な性格が強く、国内で跳梁する共産ゲリラの鎮圧に奔走しているのが現状であった。

こうした状況の中、一九五〇年六月二十五日、北は突如三八度線（軍事境界線：ＤＭＺ）を越え南下した。完全な奇襲である。共産軍はソ連製のＴ－34戦車一二〇台を先頭に一気に雪崩れ込み、抵抗する韓国軍を蹴散らしていく。しかも北は空軍までも出動させて南の飛行場を爆撃、アメリカの輸送機などを破壊した。

戦車に対抗する有効な武器を持たない南の将兵は、住民と共に一路南部の釜山に向けて撤退を余儀なくされた。そして首都ソウルはわずか三日後に共産側の手に落ちた。

北朝鮮軍の侵攻は国連でただちに問題となり、非難決議が出され、七月七日には国連軍の結成と派遣が正式に決定された。

国連軍にはアメリカをはじめ、イギリス、オーストラリア、トルコ、オランダ、カナダなど自由主義陣営から一四ヵ国の軍隊が参加した。しかし国連軍とはいっても兵員の実に九〇

パーセントがアメリカ軍で占められ、マッカーサー元帥が全権を掌握していた。

こうしたことからも、この戦争は初期は「北朝鮮とアメリカの戦い」、そして中盤以降は「中国対アメリカの戦い」といえる。

さて戦線は日に日に加速度を増して対馬海峡へと南下していった。八月中旬ともなると、北は韓国全土の七五パーセントを占領するに至り、アメリカ・韓国連合軍は第二の都市釜山を中心とする半径七〇キロの地域にまで追いやられていた。

連合軍が対馬海峡に突き落とされるのも、もはや時間の問題と誰しもが考えたそのとき、アメリカは思いもよらぬ底力を見せるのであった。日本という巨大な兵站基地を目と鼻の先に持つアメリカは、世界最強を誇る輸送力を駆使して、一日あたり三〇〇〇人の兵士と一万五〇〇〇トンの軍需物資を釜山橋頭堡にピストン輸送したのである。特にT－34に対抗するための武器は最優先で送り込まれ、M4シャーマン、M26パーシング両戦車や、バズーカ砲（三・五インチ対戦車ロケット）などが続々と運び込まれた。

それを知った北朝鮮軍は敵の息の根を止めようと最新鋭の三個師団、計五万人（のちに一個師団を追加）と重砲四〇〇門を戦線に投入して圧力を加え続けた。

しかし橋頭堡内の国連軍は急速に戦力を増し、抵抗力を強めていた。しかもこれまで無敵だった北朝鮮軍のT－34も、アメリカ軍の戦車やバズーカ砲の登場で、その威力もすでに色あせていた。そのうえアメリカは持てる航空兵力を総動員して、北朝鮮軍をたたきにたたいた。日本の空軍基地や日本海の空母から数百機の海・空軍機が、連日嵐のように共産軍の頭上に爆弾を降らせたのである。

釜山橋頭堡を巡る攻防は八月中旬から九月初旬まで続いたが、アメリカ側の物量作戦で北朝鮮軍は多大の出血を強いられていた。補給線は国連軍機の格好の餌食《えじき》となり、各地で道路や輸送部隊が襲われ、北朝鮮の前線部隊は危うい状況に陥った。

最大の危機を乗り切ったマッカーサーは形勢を逆転するため、史上まれにみる反攻作戦を実行に移す。九月十五日、アメリカ海兵隊と韓国軍一万五〇〇〇人を乗せた一八〇隻の大船団が、半島中部ソウルに近い港湾都市仁川に接近、上陸作戦（クロマイト作戦）を敢行した。

北朝鮮側は全く不意を突かれ、パニック状態となる。軍隊の主力の多くを釜山攻略戦に投入していたため、敵の上陸を迎撃する兵力は一五〇〇人にすぎなかった。

北朝鮮側はわき腹にくさびを打ち込まれた格好となり、一気に危機に陥った。南に展開していた七万人の北朝鮮軍部隊は、本国との連絡路を絶たれた形となり、崩壊寸前となる。

完全包囲を回避しようと、一部の部隊は山岳地帯に分け入り北へ進路を取ったが、釜山橋頭堡から北上してきた国連軍と、空からの猛爆によって各地で撃破されていった。

結局本国にたどり着いた将兵は二万人足らずといわれている。

仁川に橋頭堡を構えた国連軍は、四万人にまでその兵力を増やし、二十六日には首都ソウルを奪還した。

マッカーサーの意表を突いた反攻作戦の成功によって、今や完全に劣勢へと立たされた北朝鮮軍は、このときすでに以前の戦力の三分の二を失い、国連軍への反撃すらできないまでに消耗しきっていた。

三八度線に到着した国連軍はその余勢を駆って十月一日、ＤＭＺを越え、一気に共産勢力の壊滅に向かった。アメリカ軍に追われ北へと逃れる北指導部は、戦力もほとんど底をついた状態で、北部山岳地帯で最後の抵抗を試みていた。

九月二十七日、国連軍はついに中国との国境のヤールー河（鴨緑江）に到達、勝利は目前と思われた。

しかしここに思わぬ事態が発生する。十月末、突如として隣国の中国が同胞北朝鮮を助けるため参戦を決意、三〇万という義勇軍を送り込んできたのである。彼らは義勇軍と名のっていたが、明らかに精鋭の正規軍であった。そして得意の人海戦術と、犠牲を省みない白兵戦で、戦線を徐々に押し返していく。

思いもよらぬ敵の大軍の出現に、国連軍は各地で混乱した。アメリカ軍は執拗に空爆、艦砲射撃の雨を中国軍に浴びせるが、攻勢は一向に衰えを見せず、ついに十一月には退却を余儀なくされる。

中国軍の進撃はその後も続き、十二月には再びソウルが共産側の手に落ちるのであった。

しかし人間の波で戦線を押し戻していた中国軍にも限界が生じつつあった。国連軍の圧倒的な空爆と折からの寒波によって、一九五一年に入ると、その勢いは急激に失われていった。体勢を立て直した国連軍は再び攻勢に転じ、三月までに共産軍を三十八度線以北へと押しやった。

その後四月に戦力を回復した中国軍が攻勢を仕掛け、国連軍が一時緊張するといった場面も見られたが、戦線はほぼ三八度線付近で固定してしまう。両陣営ともこのラインに沿って強固な陣地を幾重にも配し、砲撃戦をくり返しながらにらみ合いが続いた。

戦線が膠着しはじめると、双方は休戦に向けてようやく重い腰を上げた。七月、アメリカと北朝鮮の代表が初めて顔を合わせ、休戦交渉が開始されるが、最初から罵声と中傷に終始した。その後二年にわたって休戦交渉は行なわれたが、その間両者の戦闘が中止されたわけではなかった。

一九五三年四月、傷病兵、捕虜の交換協定が妥結、やっと休戦の兆しが見えてくる。しかしこうした和平ムードとは裏腹に、戦場では共産軍が最後の大攻勢を仕掛けていた。協定締結近しと感じとった中国・北朝鮮連合軍は、交渉を少しでも有利に導こうと画策したのである。

四月、共産側はソウルの北東にある平康（ピョンガン）、金化（クムホワ）、鉄原（チョルウオン）のいわゆる「鉄の三角地帯」に、六万人の兵力で侵攻した。主力の中国軍の攻撃力は阻止しようとする国連軍のそれを圧倒し、戦線を五キロも押し返す一幕もあった。

国連軍は最初の攻撃で後退を余儀なくされながらも、すぐ南にあるソウルを守るべく必死で敵の攻勢に耐えていた。

そのため中国軍の攻勢も長くは続かなかった。二十日にもなると体勢を整えた国連軍が反撃に転じ、四月末までに失った地域を奪還した。

共産側による同じような攻勢が、ほぼ同じ場所でその後二回続けて敢行されるが、いずれも国連軍の強力な反撃と、圧倒的な空爆で失敗に終わり、三回の激戦で双方合わせて少なくとも五万人の死傷者を記録している。

こうして最後の死闘ののち、両者は一九五三年七月二十七日、休戦協定にサインをした。三七カ月にわたってくり広げられた戦争は、お互いに不満を残しつつも一応の幕を閉じたが、南北を隔てる軍事境界線は開戦以前とさほど変わらない。そして半島の分断はこれ以降既成事実として維持され、冷戦崩壊後も続くのである。

〔両者の戦力…一九五一年春以降〕

●国連軍…総計八二万五〇〇〇人
韓国軍…四〇万人
アメリカ軍…四〇万人
その他国連軍…二万五〇〇〇人

●共産軍側…総計九五万人
北朝鮮軍…四五万人
中国軍…五〇万人
このほかにソ連の義勇軍約一万人が、空軍部隊を組織して参加している。

〔両者の損害〕

●国連軍側

（韓国軍）

戦死者…四一万五〇〇〇人

負傷者…不明

捕虜・行方不明者…四三万九〇〇〇人

（アメリカ軍）

戦死者…三万四〇〇〇人

負傷者…一〇万四〇〇〇人

捕虜・行方不明者…五二〇〇人

（その他の国連軍）

死傷・捕虜…一万七〇〇〇人

●共産軍側

（北朝鮮軍）

死傷者…五三万人

捕虜…一一万人

（中国軍）

死傷者…四七万三〇〇〇人
捕虜……二三万三〇〇〇人
このほかソ連義勇軍一八〇人が戦死している

朝鮮戦争に参加した戦闘機

◯北朝鮮、中国、ソ連（義勇）空軍
ミコヤン・グレビッチMiG－15ファゴット
他にレシプロ戦闘機として
ヤコブレフYak－7／9
ラボーチキンLa－9／11

◯アメリカ空軍
ノースアメリカンP－51マスタング
〃　F－82ツインマスタング
ロッキードF－80Cシューティングスター
リパブリックF－84Gサンダージェット
ノースアメリカンF－86Fセイバー
ロッキードF－94スターファイア

◯アメリカ海軍

戦果を語り合うF-84サンダージェットのパイロットたち

グラマンF9Fパンサー
マクダネルF2Hバンシー
ダグラスF3Dスカイナイト
○オーストラリア空軍
グロスター・ミーティアF8
○アメリカ海兵隊
ボートF4U－5／7コルセア
グラマンF7Fタイガーキャット
○イギリス海軍
ホーカー・シーフュリーFB11
スーパーマリン・シーファイア
○南アフリカ空軍
ノースアメリカンP－51マスタング
ノースアメリカンF－86Fセイバー
他にレシプロ戦闘機

朝鮮戦争における空中戦

この戦争における戦闘機同士の空中戦は、航空戦史のなかでも特異な光を放っている。

それは丸三年にわたる戦争のなかの二年半が、敵味方とも一機種の主力戦闘機によって戦われたということである。それらは、

アメリカ空軍
ノースアメリカンF－86セイバー

共産空軍
ミコヤン・グレビッチMiG－15ファゴット

であった。細かく見ていけば、
F86A、E、F型
MiG－15、MiG－15bis（改良の意）
と少しずつ変化しているが、いずれも外見は変わらないので、一機種として取り扱う。
もちろんこれ以外にアメリカ、イギリス製のジェット戦闘機がいくつか登場するが、空中戦に関する限り脇役にすぎなかった。
一九五〇年の晩秋から五三年の夏まで、朝鮮半島の上空で最後まで戦い続けたのはセイバーとファゴットであり、この一騎打ちは歴史に残るものといえよう。
MiG－15は〝ミグ〟の名で、アメリカ、イギリスの辞書、事典に載ることになる。
もちろん欧米で初めて一般に知られたソ連製の航空機といってよい。
この意味からは、太平洋戦争における〝ゼロファイター〟と同じである。

照準器にとらえられたミグ MiG-15 戦闘機

それまでのソ連製航空機は、常に一段低い水準と考えられていた。第二次大戦の独ソ戦争のさい、ソ連空軍は〝中程度の性能の軍用機を大量に使用〟し、ドイツ空軍を打ち負かしたとの評価が一般的であった。

しかしこの戦争勃発から半年後に出現したソ連製の戦闘機は、欧米のすべての機種をしのぐ性能を持っていた。

この事実はアメリカを中心とする各国に、大きな衝撃として伝わったのである。

アメリカ空軍機の戦い

それではまず、開戦直後の空中戦から見ていくことにしよう。

この戦争における空中戦は、前述のようにアメリカ空軍対共産空軍（主として中国）との間で行なわれた。

アメリカ海軍／ジェット艦上戦闘機二種
イギリス海軍／ジェット艦上機なし
オーストラリア空軍／英国製ジェット戦闘機
南アフリカ空軍／米空軍と同じ機種を使用

はいずれも対戦闘機戦闘を米空軍にまかせて、対地攻撃を主な任務とした。

なお共産空軍は、
北朝鮮空軍／詳細不明

中国義勇空軍／最大三〇個大隊
ソ連義勇空軍／二個航空師団
で、そのほとんどが戦闘機であった。戦争初期の二週間をのぞいて、共産空軍機は全く対地攻撃を実施しなかった。
このため共産軍の地上部隊は、ほとんど味方の航空機を見ることなく戦い続けたのである。

開戦直後の空中戦
共産側は〝北〟の空軍だけで、合わせて一二〇機の
イリューシンIℓ2／10地上攻撃機
ヤコブレフYak－9戦闘機
があり、これらが国連軍に襲いかかった。
これに対して国連軍の中心であるアメリカ軍には、
ロッキードF－80シューティングスター
リパブリックF－84サンダージェット
の両ジェット戦闘機があった。特にF－80は二〇〇機以上がそろっていたので、〝北〟の空軍に十分に対応できた。
Iℓ2／10、Yak－9といったレシプロ機は、ジェット戦闘機に太刀打ちできず、わずか二週間で大打撃を受ける。

また〝北〟のパイロットには実戦経験がなく、ベテランぞろいのアメリカ軍パイロットの敵ではなかった。

地上では国連軍の苦戦が二ヵ月半にわたって続くが、制空権ははじめから米空軍の手中にあったのである。

一九五〇年六月二十五日の開戦から同年の十月まで、半島の上空には国連軍機の姿しか見られなかった。〝北〟の航空機は開戦直後の二週間足らずのうちに、五〇機が空中で、残りの全部が地上で破壊されてしまったのであった。

MiG-15の登場と空中戦の激化

地上の気温が零度を下まわりはじめた頃、大きな後退翼を持った高速のジェット機が〝北〟の上空に姿を現した。それまでわがもの顔に半島を飛びまわっていたアメリカ軍のジェット戦闘機より、

小型で機動性がよく

より高速で

上昇力も上昇限度も大きい

と言った事実が確認された。

これがミコヤン・グレビッチのチームが送り出したミグ・ジェット戦闘機シリーズの第一号〝MiG-15〟であり、それから二年半、国連軍を悩ますのである。

一九五〇年の十一月から急速に数を増やしはじめたミグ戦闘機であるが、その性能は朝鮮半島の上空に君臨していたF－80、F－84を一夜にして旧式化するほどであった。

それらは次の数値によって示される。

	推重比	性能指数
F－80C	〇・三〇	六〇
F－84G	〇・三八	八二
MiG－15	〇・六〇	一五五

ともかくジェット戦闘機の性能のほとんどすべてを決定する推力重量比（以下推重比）が、二倍近く有利なのである。
空戦のさい有利な条件『軽い機体に強力なエンジン』を、ソ連の設計者たちは忠実に実践していた。
またF－80、F－84、そしてより新しいF－94スターファイアでさえ直線翼で、強い後退角の付いた主翼を持つMiG－15と比較すると一〇〇キロ／時以上遅かったのである。
またアメリカ海軍の主力ジェット戦闘機
グラマンF9Fパンサー
マクダネルF2Hバンシー
さえも推重比／性能指数はそれぞれ〇・三二／八六、〇・四四／九四であり、とうていファゴットの敵ではなかった。

F-80、F-84は果敢にMiGに挑戦したが、結果は好ましいものではなく、確実に押され気味となる。両戦闘機の対MiG-15のスコアは、

F-80　撃墜六機　損失一四機
F-84　〃八機　〃一八機

であって、全くの敗北というほかない。

パイロットの技量から見れば、アメリカ軍に分があるにもかかわらず、この結果である。いかにMiGの空戦性能が優れていたかという事実が、この数字によって如実に示されている。

驚いたアメリカは、あわてて最新鋭のF-86（初期にはA、のちE、最終的にF型）を投入し、ミグの撃滅をはかった。

F-86Fの推重比は〇・四三、性能指数はこれを基準にしているので一〇〇である。したがってこれでもなお運動性はミグの方がずっと高かった。

エンジンの出力に大差はない（F-86二・八トン、MiG-15二・三トン）が、重量はなんと一トン以上前者が重いのである。

総重量六～七トン程度の戦闘機において、一トンの差はきわめて大きいと言わねばならない。

もちろんこの差は豊富な装備、機体強度の信頼性にも結びつきはするが、それでもなおF-86に厳しかったといえるのである。

特にF－86のA、E型は空気力学的にも問題があり、性能を出し切っていなかった。ようやくF－86シリーズの決定版とも言えるF型が一九五一年から登場し、全般的には対等に戦えるようになった。

五一年の春から空中戦の大部分は、F－86対MiG－15の一騎打ちの状況となった。アメリカ空軍は一日二百機以上のセイバーを投入し、ミグ撃滅戦を実行する。これがいわゆる戦闘機による〝スウィープ・掃討〟である。

これにより一日で二〇機以上のミグを撃墜するが、セイバーの犠牲も決して少なかった。少しでも油断すれば、敏捷なミグは高速を利して反撃してくるのである。

◯F－86Fの利点

優れた信頼性とパイロットの技量

発射速度の大きな一二・七ミリ機関銃

優秀な射撃照準器

◯MiG－15の利点

高度の機動性と加速力、速度、高空性能

一九五二年になると、新しいエンジンを装備したMiG－15bis（改良型）が戦線に姿を見せ、いままで以上に国連軍を悩ませた。

同年秋には、北朝鮮空軍三個連隊七〇機、中国義勇空軍五個師団四〇〇機、ソビエト義勇空軍二個師団一八〇機が、三五〇機のセイバーと対峙している。

この戦争はごく一部の例外を除いて、互いの航空基地を攻撃しなかったため、どうしても空中戦が多くなった。

共産軍は一九五一年中に〝北〟国内の大空軍基地（平壌、元山など）の維持をあきらめ、中国国内の安東に移動した。

こうなれば国連軍は中国と戦争をしているわけではないので、航空基地を攻撃できない。一方、韓国内の国連軍航空基地を攻撃するための爆撃機を共産軍は持っていなかった。したがって敵の戦闘機を破壊するには、空中戦しか手段がなかったのである。

ミグ対セイバーの戦闘の結果は、五ないし一〇のキル・レシオで後者に有利となる。

この理由は機体の性能よりも、乗員の技量の差によるところが大きい。

第二次大戦のベテランがそろっていた米空軍と、ソ連義勇軍はいざ知らず、ジェット機を扱って間もない〝北〟、中国空軍のパイロットとは、訓練の内容に大差があった。

ミグのパイロットは、ジェット戦闘機に慣れておらず、なかにはようやく飛ばすことができるといった程度の者さえいた。しかし彼らもまた、激しい戦闘の中で鍛えられ、少しずつ腕をあげていく。

それでは、もっとも大規模な空中戦のあった一九五一年十月の決算を見ていこう。

この一ヵ月にアメリカ空軍は三二機のミグを撃墜し、セイバーの損失は七機であった。キル・レシオ（撃墜率・敵味方の損失の比率）は四・六で、効率の良い戦いと言えそうだが、現実はそれほど甘くはない。

他にボーイングB－29爆撃機五機、F－84二機、F－80一機がミグにより撃ち落とされているのである。

搭乗員の戦死はアメリカ軍四九名、共産軍三〇名（推定）であって、人的損失は六〇パーセントも前者に多い。

また翌年二月十日には、アメリカ空軍第四航空団のエースパイロットであるJ・デイビス少佐が空中戦で撃墜され戦死している。彼はそれまでに一四機のミグを撃墜しており、極めて優れたセイバー・ライダーであったが、鴨緑江南方上空から帰還しなかった。

このような事実はあったものの、全般的に見ればF－86はMiG－15を圧倒した。

史上最初のジェット機同士の大規模空中戦の最終結果は、次のとおりである。

アメリカ空軍のMiG撃墜数　七九二機

〃　F－86の損失　七八機

したがってキル・レシオは一〇・二となる。

この数値は長い間信じられてきたが、最近の研究ではかなり過大であることがわかってきている。

共産空軍の中核であった中国軍の公表によると、

F－86の撃墜数　二一一機

MiG－15の損失　二三四機

となっている。

また中国軍は自軍の損失の内訳も発表しており、機種をMiG－15に限れば、
MiG－15（初期型）　　一〇二機
MiG－15bis（改良型）　一一二機
と新旧半分ずつである。またキルレシオは〇・九四となる。
このほか共産空軍は、ソ連軍一〇〇機、北朝鮮軍五〇機（いずれも推定）程度のミグを失っているはずだから、最終的に決算は、
F－86の損害　　七八機
MiG－15の損害　　三七〇～八〇機
となり、アメリカ空軍のキル・レシオは五前後と考えるのが妥当であろう。
この両戦闘機の対決において、真に驚くべき事実は、ソ連という国の航空技術の進歩である。独ソ戦争の勝利によりドイツの航空技術を入手したとしても、それからわずか五年の間に、世界最高の性能を誇る戦闘機を誕生させている。
MiG－15のデビューは旧日本海軍の〝零戦〟のそれに匹敵するものであった。
同時期に英仏両国は、
○イギリス
グロスター・ミーティア
デ・ハビランド・バンパイア
ホーカー・シーホーク

○フランス

ダッソーＭＤ450ウーラガン

〃　ＭＤ452ミステール

を開発、配備したが、このうちなんとかミグに対抗できるのは、ミステールだけである。それも就役は一九五五年で、ＭｉＧ－15より五年ほど遅れている。

この意味するところは、ソ連が一夜にして両国を追い抜き、実質的な超大国にのし上がったということであろうか。

アメリカ海軍機の戦い

朝鮮戦争の勃発と共に、アメリカ海軍航空部隊も朝鮮半島へ出動した。陸上基地の建設も急がれたが、攻撃の主力は空母および空母機であった。

米海軍は当時空母四隻からなる第77機動部隊を編成していた。

その艦載機は、

グラマンＦ９Ｆ－２／４パンサー（米海軍初の実用ジェット戦闘機）

ボートＦ４Ｕ－４／５コルセア（一九四二年初飛行のプロペラ機）

であった。

マクダネルＦ２Ｈ－２バンシー双発戦闘機がＦ９Ｆのサポートとして、またダグラスＡＤスカイレイダーがＦ４Ｕの後継機として登場する。

しかし海軍の主力機は戦争の全期間を通じてF9F、F4Uであったことに変わりはない。この戦争において海軍航空部隊（一部に海兵隊機を含む）は対戦闘機戦闘に参加せず、その役割はもっぱら対地攻撃であった。

三年に及ぶ戦争期間中、海軍は一六万七五〇〇回、海兵隊は一〇万七三〇〇回を超える出撃を実施しているものの、空中戦への参加は二〇〇回に達していない。

九〇〇機以上の敵機撃墜を記録した空軍と比較すると、その差は極めて大きいといえよう。ACM（エアコンバット・ミッション　空中戦闘任務）による戦果は、一五機程度（ミコヤンMiG－15×一二機、レシプロ戦闘機×三機）にとどまっている。

それではこの理由の分析からはじめよう。

ミグ一二機を撃墜した航空機は、

グラマンF9Fパンサー　五機

ダグラスF3Dスカイナイト　六機

ボートF4Uコルセア　一機

である。

MiG－15によって撃墜された米海軍、海兵隊機の数は明らかにされていないが、数機のF9F、F4Uが落とされているはずである。F3Dに関しては損害はなかった。

性能的に見ても米海軍の主力戦闘機、F9FパンサーとF2Hバンシーは、MiGと比較して大きく劣る。

数値から見る限り、両機の空中戦闘能力、特に運動性は空軍のF−80、F−84よりも低かった。

ともかくF9F、F2Hとも水平最大速度が一〇〇〇キロ／時に達していないのである。これではMiG−15よりも一〇〇キロ／時も遅いことになり、とても太刀打ちできるはずがなかった。

戦闘の初期、共産側のパイロットが未熟であり、時には空戦で勝利を得ることができた。しかし相手がいったん米海軍の主力戦闘機の能力を知れば、パンサーの勝利はおぼつかなくなる。

朝鮮戦争における海軍機が対地攻撃に専念したのは、その必要があったことも事実だが、能力的にそれにしか使えないということだったのであろう。

米海軍機で一応注目する必要のあるのは、ダグラスF3D−2スカイナイト夜間戦闘機（名前から考えても全天候型戦闘機ではない）である。

スカイナイトの総重量は一〇トン以上あり、これを推力三トン（一・五トン×二基）のエンジンで飛ばすのだから飛行性能は低い。しかし強力なレーダーによって六機のミグを撃墜し、F3Dの損失は一機もなかった。

この事実により本機を設計、製作したダグラス社はのちに「もっとも多数のミグを撃墜した戦闘機（ただし自軍の損失なしに）」というPRを行っている。

空軍のロッキードF－94夜間戦闘機がF－80から発展してきた〝間に合わせ〟の夜戦だったのに対し、スカイナイトは最初からこの任務のために設計された点が強みであった。

一時このF3Dは夜間爆撃するB－29の援護も実施している。

この頃から、戦闘機の能力は飛行機自体の性能に加えて、レーダー（そしてそれに連動する火器管制装置FCS）の威力に依存しはじめたのであろうか。

さて朝鮮戦争にはアメリカ以外に一五カ国が国連軍として参加している。

その中から、これまで登場していないオーストラリア空軍のグロスター・ミーティアF8双発ジェット戦闘機にスポットをあててみよう。

公表されている数字から見る限り、ミーティアF8は第二次大戦中に出現した初期型からかなり進歩している。重量がF9F、F2Hより軽く、エンジン推力は同じだから飛行性能は良い。最大速度も一〇〇〇キロ／時に近くなっている。

戦闘に参加したオーストラリア空軍のミーティア部隊はB－29のエスコートに従事し、初期には自軍の損害なしに三機のミグを撃墜した。

しかしこれも最初のうちだけで、ミグが戦闘に慣れるに従って、速度で大きく劣るミーティアは追いまわされることが多くなった。

いかに運動性能（指数は七四）が良くとも、主翼面積の大きな双発戦闘機はミグの敵ではなくなっていた。この点は「英国の戦闘」（バトル・オブ・ブリテン　一九四一年）におけるメッサーシュミットMe110を思い出させる。

このミーティアのあとを継ぐべき英空軍の主力戦闘機は開発に手間取り、一九五三年五月になってやっとホーカーハンター（生産型）が登場することになる。

結論として朝鮮戦争当時の自由陣営には、MiG－15に対抗できるジェット戦闘機は、F－86F以外には存在しなかったと断言して良いであろう。

一部重複するが、参加したすべてのジェット戦闘機の性能を再度掲げておく。

	推重比	翼面荷重（kg／㎡）	性能指数
F－80	〇・三〇	三一二	六〇
F－84	〇・三八	二七八	八二
F－86	〇・四三	二三五	一〇〇
F－94	〇・五二	三三七	一〇四
F9F	〇・三三	一七四	八六
F2H	〇・四四	二七八	九四
F3D	〇・三〇	三七七	八四
ミーティア	〇・三〇	二一〇	七四
MiG－15	〇・六〇	一九〇	一五五

第二次中東戦争（一九五六年十月〜十一月）

戦争の概要

イスラエル対エジプト

一九五二年無血クーデターで王政を倒し、エジプトの大統領に就任したナセルは、一九五六年七月、スエズ運河の国有化を宣言したが、これは国際問題へと発展する。当時運河の運用の権利は英仏が握っていた。このため両国は猛烈に反発、国連安保理へ提訴したのである。

しかしこの訴えがソ連の拒否権であえなく否決されると、このあとイギリスとフランスはアラブと敵対するイスラエルを抱き込んで、エジプトに軍事介入することを計画した。アメリカはアラブ諸国との関係を維持するため、イスラエルに対する軍事支援を抑えざるを得なかった。このため英仏からの武器援助は、この地で生存をはかるイスラエルにとって魅力的に映った。

しかも共同出兵を名目にアラブ・ゲリラの拠点であるガザ地区を制圧できるほか、アカバ湾入り口のシャルム・エル・シェイクを抑えることも夢ではなく、この軍事行動はイスラエルの安全保障にとって非常に有益だったのである。

アカバ湾はイスラエルにとって直接紅海とアクセスできる重要な出口であり、事実イランからの原油を輸入するための生命線でもあった。

さらにはイスラエルにとってシナイ半島全体を手中に収めてしまえば、最大の敵エジプトとの間に占領地という名の広大な「緩衝地帯」が生まれるわけで、本国の安全にも好都合である。

戦争は一九五六年十月二十九日にはじまったが、その後英仏軍の陽動作戦によってシナイ半島を守るエジプト軍主力がナイル・デルタへと移動したことを確認すると、イスラエル軍は同日未明、スエズ運河に向けて進撃を開始した。

まず第二〇二空挺旅団主力が先鋒を務め国境を越える。その後英仏の牽制で戦力の半数を移動させていたエジプト守備部隊三万人が布陣する半島中部に向かって突進、スエズの東四〇キロにある最大の要衝ミトラ峠の奪取を目的に進む。

この場所は運河へ通ずる街道の関門にあたる地点で、エジプト軍の抵抗は激しかった。猛烈な砲撃と空襲にさらされながらも、イ軍の空挺部隊は持ちこたえ、翌三十日、主力の到着を得て峠に通じる道路の確保に成功する。

これとほぼ同時に、北部のエル・カンティラ正面からイスラエル軍一個機甲旅団、一個歩兵旅団が国境を越えた。そして、エル・クセイマを攻略したのち、エジプト・シナイ守備部隊の拠点アブ・アゲイラに攻め入り、待ち構えるエジプト軍二個旅団と激しい戦車戦を展開した。

峠を視野に置いたイスラエル空挺部隊は三十一日、この関門の完全制圧を目指して接近戦を挑む。しかし敵の防備は予想以上に強固で、攻略に手間取ってしまった。

一方アブ・アゲイラでの戦いにおいても、イスラエル機甲部隊は苦戦を強いられた。エジプト側は予想以上の粘りを見せ、イスラエル軍一個旅団を退却に追い込んでいる。

十一月一日イスラエルは機甲、歩兵各一個旅団を新たに戦線に投入して地中海沿いの町ラファを占領、海岸沿いに一路スエズ運河を目指した。

二日になると各地で猛攻に耐えていたエジプト軍が徐々に後退しはじめ、イスラエル軍の進撃は加速する。

北部を進むイスラエル機甲部隊はエル・アリシュに到達、運河の東一六キロに迫る。アブ・アゲイラ攻略にてこずっていた部隊も、敵軍の撤退でその目的を果たし、街道沿いに運河に向かう。包囲されながらもガザの町を守備するエジプト軍は籠城を続けていたが、これも昼前には降伏した。

こうしてイスラエルは、二日までに半島北部の占領をほぼ完了した。そして英仏の軍事作戦を支援する一方で、悲願であるアカバ湾口に近いシャルム・エル・シェイクの攻略に着手する。

開戦当初から半島の西岸沿いに南下を続けていたイスラエル第九歩兵旅団は、断崖が続く地形によって困難な進撃を強いられた。しかし十一月四日までに敵陣地の前面まで進出し、航空機の支援を受けながら一斉攻撃を開始、翌五日にはこの町を占領した。

こうしてイスラエルの軍事作戦は一応成功したかにみえた。しかしソ連が戦争に介入する姿勢を見せたことと、これを憂慮したアメリカの強力な圧力に屈する形で、イスラエルは国連の提示する停戦案をしぶしぶ受け入れている。なおこの戦いで、イスラエル側は死者一八九人、負傷者八九九人、航空機の損害一五機を出した。

イギリス、フランス対エジプト

イスラエルを仲間に引き込み、エジプト侵攻作戦「マスケティーア（銃士）作戦」を企てた英仏は、地中海に浮かぶマルタ、キプロス両島に続々と侵攻部隊を集結させた。部隊の移動は露骨に進められたが、これには陸路侵攻を行なうイスラエルを支援するため、シナイ半島に駐屯するエジプト軍を、ナイル・デルタ地帯に引きつける意味もあったわけである。

イスラエル軍が国境を越え、西に向かって進撃を開始したことを確認した英仏両国は、当初のシナリオどおり一九五六年十月三十日、双方に停戦を提案した。そしてスエズ運河地帯からのエジプト軍の引き揚げとポートサイド、イスマイリア、スエズの三都市への英仏軍の進駐を求めた。

エジプトは当然のことながらこの提案を拒否した。しかし英仏にとってエジプト側の拒絶は予想どおりの動きであり、計画に折り込み済みであった。

イギリスは空母三隻、ヘリ空母二隻、巡洋艦三隻など、フランスも戦艦、巡洋艦各一隻をエジプト近海に向かわせ、軍事的圧力をよりいっそう強めた。

三十一日盟友イスラエルが予定どおりミトラ峠攻略に取りかかったのを受けて、英仏は爆撃機を発進させて首都カイロと運河周辺の空軍基地を爆撃、エジプト空軍の壊滅を試みた。これによりエジプト軍は完全に制空権を奪われ、それ以降苦しい戦いを続けることになる。

またフランス艦艇がイスラエル軍部隊の進撃を直接支援するため、ガザ地区南端の町ラファに対して猛烈な艦砲射撃を実施、抵抗を続けるエジプト軍部隊に砲弾の雨を降らしていた。

十一月二日国連は英仏、イスラエル、エジプトの四カ国に対して停戦を促した。これに対しエジプトはすぐに受諾、イスラエルもいったんは受け入れる。

しかし英仏は停戦要請を拒否した。しかもイスラエルの戦線離脱を警戒した両国は圧力を掛け、同国の停戦受け入れさえ翻させたのであった。

五日、英仏連合軍はついに地上部隊を侵攻させる。まず早朝空挺部隊一千百人が港湾都市ポートサイドとポートファドの周辺に降下、町を孤立させると共に運河の一部を制圧する。

エジプト軍は不意をつかれて混乱し、まもなく停戦を申し入れる。

しかし橋頭堡の構築に成功した英仏側は続々と後続の部隊を上陸させて増強を図り、その日の夜には戦闘を再開、一気に押しまくった。

翌六日侵攻軍はポートサイドに対してヘリボーン作戦を実施、同時に主力（イギリス軍一万三〇〇〇人、フランス軍六五〇〇人、車輛一〇〇〇台）が、両岸から南下を開始し、スエズ運河の完全占領を目指した。

英仏の軍事作戦はここまでは予想以上にうまく進んでいた。しかしこの侵攻作戦に、同盟国であるはずのアメリカが強い拒否反応を示した。

ソ連がエジプト支援を名目に兵を動かし、その結果東西両陣営の全面衝突に発展する可能性を恐れたためであった。

その後米ソはまるで共同歩調をとるかのように、英、仏、イスラエルの三ヵ国に対して停戦するように圧力をかけた。ソ連に至っては、自国の持つ圧倒的な核戦力の行使までもちらつかせて、英仏の暴走に歯止めをかけようとした。

両超大国の恫喝《どうかつ》に屈した三ヵ国は、七日午前零時をもって停戦を受け入れた。そして国連が運河の安全航行を保障することで、英仏軍は十二月二十二日までに侵攻部隊を撤収させた。

第二次中東戦争は軍事的に見た場合、明らかに英仏・イスラエル側の圧勝であり、スエズ運河の奪取は目前だったといえる。

しかし米ソの圧力に作戦を中止せざるを得なかった両国は、運河の完全占領という最大の目標を達成できずに終わった。

それればかりか英仏に反旗を翻したエジプト・ナセル政権の打倒さえも不発に終わり、そのうえ国際的非難の集中砲火を受け、両国の威信は大きく傷ついた。

この戦争でイギリスは死者一六人、負傷者九六人、航空機の損失三機、フランスは死者一〇人、負傷者三三人、航空機の損失一機をそれぞれ出しているが、戦争の規模の割には比較的損害は軽微であった。

一方エジプト側の被害は大きく、死者一六五〇人、負傷者五〇〇〇人、捕虜六〇〇〇人を出し、航空機一六八機、駆逐艦一隻を失った（対イスラエル戦のものも含む）。

〔各軍の兵力〕

●エジプト

総兵員数…一〇万人

予備兵員数…一五万人

戦闘車輛…七〇〇台

重火器…七〇〇門

航空機…二三〇機

艦艇（五〇〇トン以上）…九隻

●イスラエル

総兵員数…一〇万人

予備兵員数…一五万人

戦闘車輛…五二〇台

重火器…八七〇門

航空機…一六〇機

艦艇…五隻

●イギリス（動員した数のみ）
総兵員数…三万四〇〇〇人
戦闘車輛…一一〇台
航空機…一八〇機
艦艇…一八隻

●フランス（同）
総兵員数…二万人
戦闘車輛…四〇台
重火器…七〇門
航空機…六〇機
艦艇…一六隻

第二次中東戦争に参加した戦闘機

○イスラエル空軍
ダッソーMD450ウーラガン　三〇機
〃　452ミステールⅡCおよびⅣA　四〇機
グロスター・ミーティアF8　一〇機

他にレシプロ戦闘機として
ノースアメリカンP－51マスタング　四〇機
◎イギリス海／空軍
デ・ハビランド・シーベノムFAW20　二四機
ホーカー・シーホークFB3　〃
ホーカー・ハンターMK5　〃
◎フランス空軍
リパブリックF－84Fサンダーストリーク　三六機
ほかにレシプロ戦闘機として
ボートF4U－7コルセア　二四機
◎エジプト空軍
ミコヤン・グレビッチMiG－15／17　六〇機
デ・ハビランド・バンパイアFB　四〇機
グロスター・ミーティアF8／NF13　三〇機
注・いずれも戦闘機、あるいは戦闘爆撃機のみを数える。

二種の空中戦

前述のとおりこの第二次中東戦争は『スエズ動乱』とも言われ、

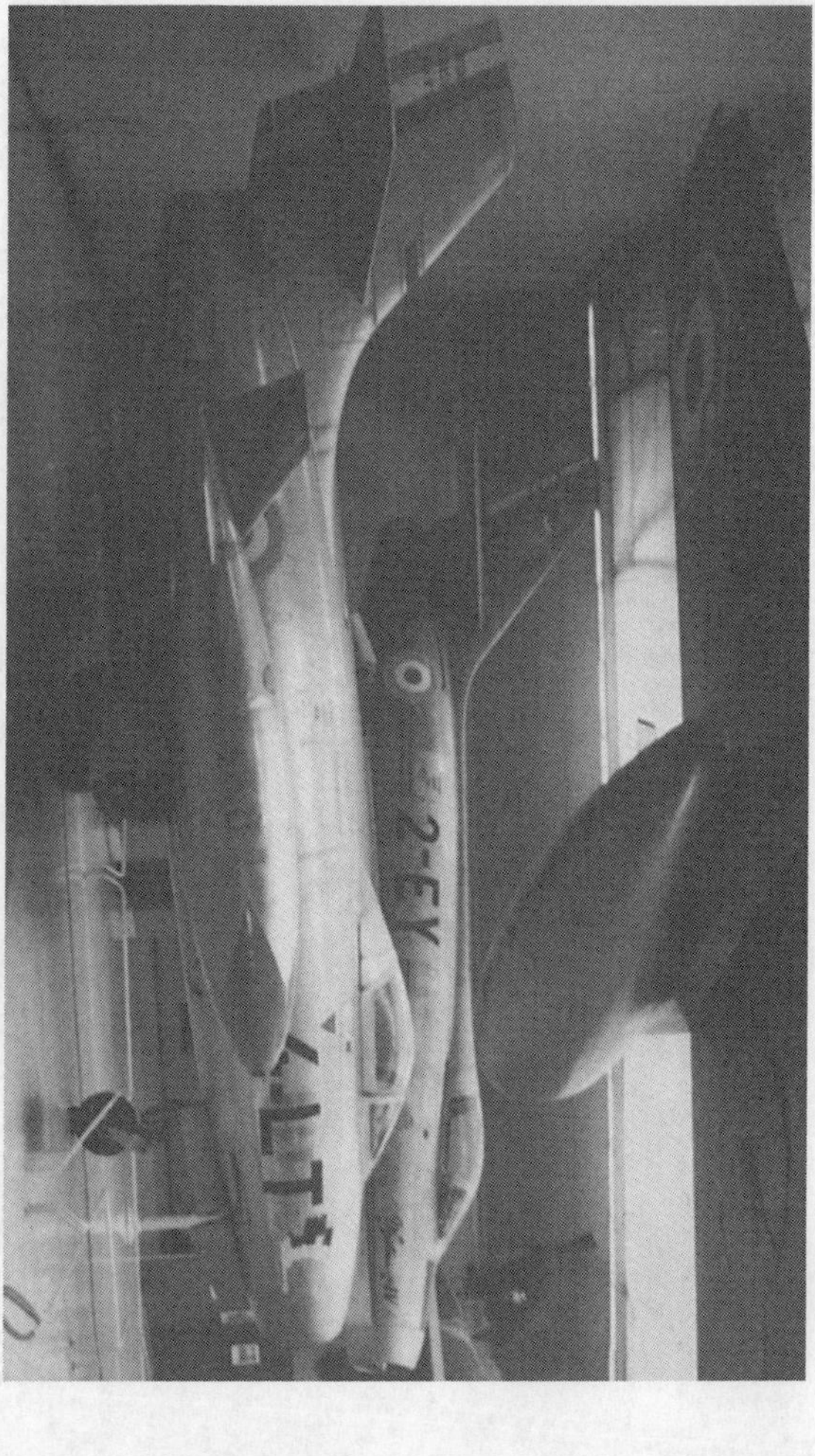

第2次中東戦争の主役ウーラガン（手前）とミステール戦闘機

㈠エジプト対イスラエル
㈡エジプト対イギリス、フランス
の二つの戦いを合わせたものである。
誕生から一〇年しか経ていないイスラエルは、自国の生存権拡大のためフランスから大量の武器を購入していた。
一方エジプトもソ連の軍事援助を受け、この両国の航空、機甲戦力は年ごとに倍増していたのである。
それでは㈠の航空戦から見ていくことにしよう。
エジプト軍は緊張が高まっているにもかかわらず、航空戦を戦い抜くだけの意志を持たずに開戦を迎えてしまった。
まずもっとも強力な爆撃機戦力イリューシンIℓ28を、戦争勃発直前にシリア、あるいはエジプト奥地の基地に退避させるような有り様である。
結局、本格的に戦ったのはM i G－15戦闘機隊だけで、あとは少数のグロスター・ミーティア戦闘機が地上攻撃に参加しただけといってよい。
エジプト空軍のM i G－15の相手は、
ダッソー・ウーラガン
〃　ミステール
グロスター・ミーティア

であり、このなかで性能的に同等なのはミステールのみである。旧式のウーラガン、鈍重なミーティアなどは、MiG−15の好餌と思われるのだが、エジプト空軍はイスラエル空軍機を一機も撃墜できなかった。

これはパイロットの操縦技術が原因であった。

この傾向は第二次中東戦争だけではなく、第三次、その後の消耗戦争、第四次中東戦争、その後のレバノン紛争と中東のすべての戦争についてまわるのである。

決して人種的な偏見や差別でいうわけではないが、アラブの人々の戦闘機操縦技術（あるいは教育過程）にはなんらかの欠陥があるような気がする。

ともかくこの戦争のさいの空中戦の最終決算は、

○エジプト空軍の損害

MiG−15　三機

デ・ハビランド・バンパイア　四機

グロスター・ミーティア　二機

これに対してイスラエル側の損失は皆無であった。

また開戦後エジプトは、MiG−15（一部に17）二〇ないし三〇機をシリアに脱出させている。エジプト空軍のパイロットはMiGを飛ばすことはできても、空中戦が可能な技量までには達していない事実を、彼ら自身が認めたことでもある。

この状況は一九九一年二月の湾岸戦争のさい、大量のイラク軍機が、多国籍軍との交戦を避けて隣国イランへ脱出したのと、全く同じ理由と見てよいのだろう。

イギリス、フランスとの対決は、これまたエジプトの惨敗に終わった。

◯フランス空軍

リパブリックF－84Fサンダーストリーク

◯イギリス海／空軍

デ・ハビランド・シーベノム

ホーカー・シーホーク

ホーカー・ハンター

の四機種のうち、MiG－15／17に性能的に太刀打ちできるのは、ハンター以外になかった。他の三機種、特にシーベノム、シーホーク（共に直線翼の旧式機）など、MiG－15にとっては鎧袖《がいしゅう》一触の相手であった。

それにもかかわらず、エジプト空軍戦闘機隊の技量、戦闘意欲とも高いとは言えず、戦果はイギリス機一機（キャンベラ軽ジェット爆撃機）のみ。

もっとも英仏連合軍の戦闘機も、エジプト空軍機を捕捉できず、これといった戦果はない。

そしてエジプト空軍は各種航空機一七〇機近くを失ってしまった。

ジェット戦闘機だけを見れば、

エジプト空軍　一三〇機（六〇機）

イスラエル〃　八〇機（四〇機）
フランス〃　三六機（なし）
イギリス海／空軍七二機（二四機）

であり、かつ高性能機の数は（　）内に示すとおりであった。

したがってパイロットのテクニックが同等であれば、エジプト空軍は地の利もあって思う存分活躍できたはずである。

ベトナム戦争における北ベトナム戦闘機隊の善戦を思い起こすとき、やはりアラブ諸国空軍の弱体ぶりが明確に示されてしまうのであった。

台湾海峡の戦い

中華民国対中華人民共和国（一九五五年一月〜六七年七月）

戦争の概要

朝鮮戦争が終了（休戦）した一年後の一九五四年の春、今度は台湾海峡に戦火が立ち昇った。中華民国（台湾）と中華人民共和国（中国）との紛争である。

毛沢東率いる中国人民解放軍と、蔣介石の指揮する国民政府（国府）軍は一九四六年六月より中国本土内でいわゆる〝国共内戦〟を続けていた。

四年後、大勢は人民軍に傾き、国府軍は台湾に移り独立国を築く。

ここでは両軍の区別を明確にするため前者を中共（中国共産党）軍、後者を国府軍とする。

初めて空対空ミサイル（AAM）を実戦で使った台湾空軍のF-86セイバー戦闘機

中共軍は台湾解放を、また国府軍は大陸反攻を目指していたから、この海峡をめぐる戦闘は当然起こるべくして起こった。しかし両軍とも相手の〝本土〟に上陸するだけの力はなく、海峡に点在する島々を自国のものとするための戦いとなった。

日本でも知られた金門、馬祖諸島の攻防がこの戦いの焦点となる。

宣戦布告のない戦争は一九五五年一月から一九五八年十月まで散発的に続き、一九六七年にも小さな衝突（空中戦）が起こっている。

この間の戦いは大きく五つに分けて分析するのが適当であろう。

◯中共軍の金門島攻略の失敗
◯中共軍による一江山島攻略の成功
◯海峡における、規模は小さいが極めて激しい海戦
◯金門、馬祖両島をめぐる激しい砲撃戦
◯海峡上空における二〇回近い空中戦

それでは本稿の主題であるＡＣＭ（空中戦）を中心に見て行こう。数多くの資料が入手できる朝鮮戦争と違って、台湾海峡をめぐる空中戦の実態はほとんど知られていない。しかしこの戦いは二つの興味深い事例を含んでいる。

その一つは国府軍のノースアメリカンＦ－86Ｆセイバーが、史上初めて中国空軍機に対して空対空ミサイル（ＡＡＭ）サイドワインダー／ＡＩＭ－９を使用したこと、他の一つはロ

ッキードF－104スターファイターの実戦参加である。

いずれも航空ファンには無視できない出来事であろう。

それでは一九五八年の夏のACMから見て行く。

なお一九五六年七月、五七年十二月に空戦が発生しているが、いずれの側にも大きな損害は出ていない。

五八年の七月二十九日、国府軍のリパブリックF－84（型式不明、多分G型）サンダージェット戦闘機四機が、一〇機前後のMiG－17（－15の性能向上型）に襲撃された。交戦は五分間と短かったが、朝鮮戦争でも証明されたとおりF－84はMiGの敵ではなかった。国府軍での発表でも二機が撃墜され、一機が損傷を受けた。

これに対して中共側は全機撃墜と発表している。ともかく海峡をめぐるACMの第一ラウンドはMiGの完勝であった。そしてF－84は二度とこの空域には出動せず、主役はノースアメリカンF－86Fセイバーとなる。

次の空戦は八月十四日、八機のF－86Fが、一六機のMiG－17と交戦、MiG二機が撃墜された。セイバーの損害は被弾二機のみで撃墜されたものはない。

九月十八日にも交戦があり、そしてその六日後、両軍合わせて一五〇機以上が参加する大空中戦へと発展する。

この日、金門島上空へ姿を見せたMiG－15、17は延べ一一〇機、これを迎え撃つF－86Fは延べ四〇機で空中戦は同島上空で終日続いた。

空戦空域までの距離は、金門島から中国本土まで約一〇キロ、したがって砲撃可能であった。一方台湾本島からは約一六〇キロであったから、中共側戦闘機隊に有利であった。

しかしこの大空戦の戦果は、

〈中国軍の発表〉

F－86Fの撃墜一機、撃破一機

〈国府軍の発表〉

MiGの撃墜一機、撃破六機

であり、互いに自軍の損害は発表していない。

さて機関砲を用いてのドッグ・ファイトはこの日をもって少なくなり、いよいよ台湾空軍は全く新しい兵器を使用する。

一九五八年九月二十四日は、空対空ミサイル（AAM）が初めて実戦で使用された日として歴史に残るのである。

またF－86セイバーとMiG－17フレスコの大空中戦も展開されたので、〝この一日〟の空戦を詳しく見ていくことにしよう。

幸いにして中国、台湾空軍両方の記録が手元にあるので、これを突き合わせて、「一九五八年九月二十四日の空戦」について触れる。

1958年の空中戦の決算

名　称	月日	地　点	出撃機種及び機数	解放軍側機種及び機　数	撃墜数	撃破数	不確実撃墜数	損害数
馬祖空戦	8-14	平　　潭	F86×7	MiG17×10	2	1	0	0
金門空戦	8-25	金　　門	F86×8	MiG17×8	2	1	0	0
海澄空戦	9-8	海　　澄	F86×12	MiG17×12	5	0	2	0
圍頭空戦	9-18	圍頭付近	F86×4	MiG17×16	2	0	0	0
金門空戦	9-18	金門南十里	F86×4	MiG17×8	4	0	1	0
圍頭空戦	9-20	圍頭付近	F86×4	MiG17×14	0	1	0	0
平潭空戦	9-24	平潭、馬祖	F86×4	MiG17×20	1	0	0	0
温州空戦	9-24	温　　州	F86×18	MiG17×32	9	1	1	0
鎮海角空戦	9-24	鎮海角東	F86×4	MiG17×12	1	1	0	0
南澳空戦	9-25	南　　澳	F86×4	MiG17×16	0	0	1	0
馬祖空戦	10-10	馬祖付近	F86×6	MiG17×8	5	0	2	1
			75	156	31	5	7	1

中華民国（台湾）台北国軍歴史文物館の展示資料より

九・二四の空中戦

九月二十四日、台湾空軍は主力戦闘機であるノースアメリカンF－86Fセイバーを次々と出撃させた。

このあとの記述については、台湾側の発表を〝台発〟中国側の発表を〝中発〟として、両者の記録を詳細に追っていくことにする。

〝台発〟の出撃数はF－86Fのみ二六機であるが、三二機という資料もある。これを迎撃した中国側の戦闘機の数はミコヤン・グレビッチMiG－15、17合わせて一〇〇機となっている。

他方〝中発〟では大きく異なり、F－86F×一二六機、リパブリックRF－84G偵察機×一四機としている。

自軍の迎撃機の数は延べ二四八機という多数で、機種は全部MiG－17であった。このため以後、中国機はすべてMiG－17として記述を進めていく。

最大出撃数は、台湾側一四〇機、中国側二四八機となるが、このすべてが空中戦に参加したわけではない。

〝台発〟台湾空軍は三方面にセイバーを送り込んだ。

平潭、馬祖上空　　一個小隊　　四機
温州　　〃　　四個〃　　一六機
鎮海角　　〃　　一個〃　　四機

このあと温州方面には二機のセイバーが加わり一八機となるが、これらの二機はのちに述べるAAMの効果判定を目的としていたものと推測される。

これらの三個編隊に対し、中国側は六四機を投入したが、その内訳は、

平潭、馬祖上空　　二〇機（五対一）
温州、〃　　三二機（二対一）
鎮海角、〃　　一二機（三対一）

となる。カッコ内は両軍の機数の比率である。

なお中国側は空域による個別の発表は行っていない。

台湾空軍二四機、中国側六四機による大空中戦が開始されようとするわけだが、その前に、F－86Fが装備しているAAMサイドワインダーについて触れておかねばならない。

歴史上初の空対空ミサイルの開発は、第二次大戦終結直後の一九四五年十月二十日からはじまっていた。

初期には無線による誘導方式がベターとされていたが、のちには照準器、誘導装置が不要の自己追尾方式が採用された。

なかでも敵機のエンジンから出る大量の赤外線を探知し、自動的にそれを追いかける熱線追尾型が有利であった。
その結果、一九五三年九月三日（朝鮮戦争終結直後）に完成したのが、サイドワインダーAAMである。
サイドワインダーとは、アメリカの砂漠地帯に棲む猛毒を持つ蛇で、視力は低いものの、他の動物の出す赤外線を探知して攻撃するから、このミサイルに最適の名と言えよう。
試射の成功と共に、
海軍にはAIM－9
空軍にはGAR－8
として制式に採用された。
その後改良に改良を重ねて、現在でも日本の航空自衛隊を含めた西側各国の空軍に、数万発がストックされている。
アメリカは一九五八年九月十八日から秘密裡に台湾に対して供与しはじめた。
初期型の要目と性能は、
全長　三・〇五m　本体直径　〇・一五m
翼幅　〇・五六m　発射重量　八一kg
速度　マッハ二　弾頭重量　一一・四kg
なお、有効射程は八キロとされていたが、マニュアルによると二キロ以内で発射、となっていた。

また当時のタイプ（9B）では、太陽を点と考え、それを中心とする角度二〇度のコーン（円錐形）に向けては発射できない。現在この角度は五度まで小さくなっている。

サイドワインダーの中国語の呼称は二種類あり、

台湾側…響尾蛇

中国側…响尾蛇

となっている。ジェットエンジンの排気熱を追いかける、という意味からは〝响尾蛇〟の方が適しているように思える。

正式には両空軍とも、米空軍の呼称GAR－8を用いていた。

さて搬入から一週間とたたぬうちに台湾空軍は、サイドワインダー装備のF－86Fセイバーを戦場に送る。

しかし全機に装備するだけの数が揃わなかったのか、また発射システムの準備が間に合わなかったのか不明だが、AAMを搭載して出撃したのは、温州へ向かった一六機（一八機？）のうちの一部だけと見られる。

当日の温州上空の天候は晴天ながら薄くもやがかかり、規程は一八～二〇キロであった。

台湾空軍はAAMという新兵器を用いて一挙に中国側に打撃を与えようと考え、次のような、うまく考えられた戦闘機隊を編成する。また同時に偵察機リパブリックRF－84F×一機を本土上空へ侵入させる。

これらの編隊は（一部中国語の文体のまま）

一、誘敵組　高高度を飛び、敵機を誘い出す。編成はF－86×四機

二、指揮組　空戦を指揮し、体勢が不利になったとき支援する。F－86×四機

三、先期攻撃組　主力攻撃編隊　F－86×六機、サイドワインダー八発を装備

四、偵照（偵察）組　RF－84×一機

五、掩護組　偵察機の護衛　F－86×四機

合計一九機となり、前述の数と合わないが、これが正確なところだろう。またサイドワインダー八発と六機の組み合わせという点も気になるが、台湾側の資料そのままに記述を進めていく。

これまで主として台湾空軍を中心に説明してきたが、次に中国人民解放軍の空軍に眼を向けよう。

この年の七月から中国は台湾に近い省区に強力な空軍を集中的に配備した。それらは、

殲击航空兵（戦闘機）第一、三、九、一六、一八師団

轟炸航空兵（爆撃機）第八師団、第四連隊ほか、

海軍航空兵第四師団

であった。

戦闘機部隊（師団）の機数、操縦員の数はあまり明確ではなく、五〇〜一〇〇機の間とはなはだ曖昧というしかない。

このとき前線にあったのは、

第一師団所属の第一連隊は保有機数　　三三機

第一八師団所属の第五四連隊は〃　　一五機

となっている。また戦闘機五個師団で二四〇機との記述も見られる。

とすると一個師団平均五〇機程度であろうか。朝鮮戦争初期には中国の一個航空師団は四〇機からなっていた。

〝中発〟の記録

〝中発〟の資料によると、この日出動した台湾空軍のF-86Fは一二六機、F-84偵察機は一四機となっている。

目的は温州の空軍基地、汕斗沿岸の海軍基地への強行偵察と判断している。侵入航空機数が過大なのは、それぞれの軍管区から寄せられた報告をそのまま集計したためと思われる。もちろん機数に関しては〝台発〟が正しいのは当然であろう。

台湾航空部隊の主力は温州を目指したF-86とRF-84の二四機編隊としているので、ここまでの記述は――機数の差一九対二四を除いて――よく一致している。

またサイドワインダーを使用したのは温州へ侵入した編隊のみであった、という記述も合っている。

これに対して中国空軍は戦闘機第一四、一六師団および海軍航空部隊の延べ二四八機を出動させ、大々的に迎撃した。

初のＡＡＭの実戦投入については報告書に、

「第一次使用美制（アメリカ製）〝响尾蛇〟空空导弾（ＡＡＭの意）」

となっており、この戦闘で初めて空対空ミサイルが使われたことを確認している。

台湾空軍の温州編隊を迎え撃ったのは、海軍航空部隊であった。

当時の中国海軍航空部隊の編成は六個航空師団、独立二個航空連隊からなり、戦闘機はそのうちの二個航空師団となっている。

これ以外にラボーチキンＬａ－11（拉－11）レシプロ戦闘機があり、総兵力としてはＭｉＧ－15、17×一〇〇機、Ｌａ－11×二〇～三〇機と見れば大きな間違いはないはずである。

しかしこのあと、九月二十四日の温州上空の空中戦に関しての資料は、台湾、中国側で大きく食い違う。それどころか、複数の中国の資料だけをとっても大きく異なり、研究者を惑わせるのである。

〝台発〟の記録

それではさっそく〝台発〟の戦闘状況から見ていくことにする。

〇温州上空の空中戦

一八機のF－86Fセイバーが参加し、そのうちの六機に八発のサイドワインダーが搭載されていた。

迎撃してきたMiG－17は合わせて三二機で、激しい空戦が二〇分にわたって続く。

戦果は撃墜一〇機（確実九機、不確実一機）で、セイバーの損害は皆無。

なおAAMと機関銃による撃墜の比率は未発表（当然か）であった。
◎鎮海角上空の空中戦
F－86の一個小隊（四機）がMiG－17×一二機と交戦。戦果は撃墜一機、撃破一機であり、損害はなし。

このとおりだとすると、九月二十四日の空中戦は台湾空軍の圧勝といえる。台湾は帰還した戦闘機隊を、国をあげて歓迎したのであった。

また翌日になって台湾空軍は平潭上空の空中戦でも勝利を得た、との追加発表を行った。
◎平潭上空の空中戦
F－86の三個小隊が、MiG－17×二四機と交戦した。その結果、F－86はMiG一機を撃墜し損害なし。

つまり九月二十四日、国府、中国空軍は三ヵ所の空域で戦い、そのすべてで前者が勝利を得たことになる。

参加機数の合計は、台湾側の三四機に対して、中国空軍は六十八機と、ちょうど二倍になる。

これが事実とすれば、台湾空軍の大勝利であり、当時の日本を含む西側の報道機関は、この勝利が「すべて新兵器、空対空ミサイルによるもの」といった情報を伝えたのである。アメリカの砂漠に棲む毒蛇の名は、このようにして全世界に知られることになった。そして軍人たちの頭の中には、ミサイルという言葉が焼き付けられたのである。

これらの報道が正しいかどうか、次に「九・二四の空戦」についての中国側の資料を調べてみよう。

「大勝利」に湧き立つ台湾空軍に、冷水をかけるが如くに素っ気ない。

まず戦果であるが、温州の侵入機に対しては海軍戦闘機部隊が迎撃し、二機を撃墜した。これらはいずれもF－86Fとなっている。また別の編隊に対しては第一四、第一六師団（いずれも空軍）が当たり、それぞれ一機撃破の戦果を得た。損害は海軍航空部隊のMiG－17×一機のみで、サイドワインダー（响尾蛇）により撃墜されたものである。

ある資料（当代中国空軍）によると、このパイロット・王自重は前記のF－86F×二機を撃墜後、ミサイルの命中により撃ち落とされたことになっている。

一方、別の資料（空軍史）によると、王自重はたんに撃墜された、とあるだけで彼の戦果には触れていない。

これをまとめてみると、

中国側の戦果・損害の公表

資料一、戦果　F－86F×二機撃墜、二機撃破

資料二、戦果なし　損害　MiG－17×一機墜落

となり、確実なことは海軍所属のMiG－17が一機撃墜され、王自重という名のパイロットが戦死した、という記録に尽きる。

台湾空軍の戦果（撃墜一二機、撃破一機）など、まさに幻影といえよう。

前述のように中国空軍の記録は素っ気ないものであるが、海軍航空兵戦闘機部隊のそれはより詳細なものとなっている。

温州編隊二四機（資料の記述）を迎撃したのは、第二戦闘機師団の二個大隊である。

海軍の戦闘機隊は指揮官の名をとって、それを編隊の前につけている。この迎撃隊は、美凱大隊（罗烈达中隊、師臣胜中隊）を中心とし、上空掩護として王万林大隊を配していた。

中隊、大隊の編成ははっきりしないが、海軍航空兵師団の機数からみて、次のような機数と考えられる。戦闘機の例では、

師団　二個連隊からなり約六〇機

連隊　二個大隊からなり約三〇機

大隊　三個中隊からなり一二～一五機

中隊　四機

中国軍でも空軍と海軍では戦闘機の呼称が異なり、空軍は「歼击機」、海軍は「战斗機」

となっている。

また海軍の資料によると、空軍は台湾側が空対空ミサイルを入手していることを事前に知っていたが、海軍は全く知らされていなかったとのことである。

当日の九時過ぎに離陸した姜凱大隊は、間もなく接敵し、すぐさま激しい空中戦が展開された。この際、何機かのF－86Fセイバーからサイドワインダーが発射されたが、中国機に命中しなかった。

空戦により敵味方の編隊ともバラバラになってしまったが、罗烈达中隊三番機（この記述からも、一個中隊が四機から構成されている可能性が高い）は単機で敵を追っていった。その後三番機のパイロット王自重は、一二機からなる敵編隊と遭遇、五分間を超える空中戦のなかで、近接射撃により二機のF－86Fを撃墜した。しかしその直後、敵機の放ったサイドワインダーが命中し、撃墜されている。

戦死した王自重は山西省の出身、解放戦争（国共内戦）で二度の勲章を受けていた。

この温州上空の台湾空軍の戦果について、確認できるのはサイドワインダーによる撃墜一機（王自重機）のみである。

戦死者の経歴まで公表しているのであるから、間違いはあるまい。

一方、彼の戦果（F－86F×二機撃墜）には疑問がある。というよりこれは架空の戦果であろう。その根拠として、

一、中国側の五つの資料のうち、二つがこの戦果に触れていないこと

二、台湾側に被撃墜機がないこと

があげられる。しかも中国軍部も、王自重がF－86Fを撃墜していない事実を知っていながら、士気、戦意高揚の目的で二機の戦果を認めた可能性が大きい。

ともかく彼が単機で一二機を相手に五分間戦い続けた、などという記述には――その目撃者は？――といった疑問を呈したくなる。

この空中戦のさい、一発のサイドワインダーが、ほとんど無傷で地上に落ち、中国軍の手に入った。

中国技術陣はさっそくこれを分解し、似たタイプのAAM（空空導弾）を製造しようとした。しかしシーカー部分とそれに連動するコマンドシステムを、中国の力で作り出すのは無理と判断された。

当時中国はMiGジェット戦闘機のノックダウンを実施していたが、その工程よりもサイドワインダーの量産の方が難しかったようである。

結局のところ史上初めて登場したAAMサイドワインダーの実際の威力については、はっきりしない。しかし両方ともこの新兵器が、戦闘機同士の空中戦に少なからぬ影響を及ぼす事実だけは感じとっていた。

また中共空軍がサイドワインダーに大きな脅威を抱いたのは間違いない。

ともかく自軍にこの兵器はなく、敵側は持っているのである。

威力はともかく、精神的ハンディキャップは決して無視できるものではなかった。

前述のごとく、当時も今も社会主義国家は半導体（セミコンダクタ）の研究では、西側に大きく後《おく》れをとっている。したがってミサイルのセンサーの開発は、一朝一夕には不可能なのである。

中国、そしてその背後の旧ソビエトの軍人たちにとって、サイドワインダーの出現はこの意味からもショックであったに違いない。そして中国空軍はこれ以後、しばらくの間、鳴りを潜めるのであった。

一九五八年の夏から秋の空中戦の総決算

この小規模だが激しかった台湾海峡上空の空中戦の決算は次のようになる。

〈台湾側の発表〉

期間八月十四日から十月十日まで

ＭｉＧの撃墜　三一機

〃　撃破　五機

〃　未確認撃墜　七機

自軍の損失　二機（一機との資料もあり）

〈中国側の発表〉

期間七月十八日から十月末まで
Ｆ－84、Ｆ－86の撃墜　一四機（捕虜一名）
〃　　撃破　　九機
自軍の損失　五機、損傷五機、戦死三名
注・他に対空部隊が二機を撃墜、しかし誤射によりＭｉＧ－17一機墜落。
総出撃数三七七八回、空戦回数一三回

互いの戦果を見ていけば、確実なものだけを数えて台湾側三一機、中国側一四機でキル・レシオは台湾側で二・二となる。
一方、発表された損害では台湾二機、中国五機で、同二・五であった。
いつの時代の空中戦でも戦果を過大に見積もりがちになるが、自軍の発表撃墜数と相手の損失数は、
〈台湾側〉
戦果三一機　実際の損失五機　約六倍
〈中国側〉
戦果一四機　　〃　　二機　　七倍
となっている。
ガンカメラを装備していても、やはり報告された戦果と、発表された損害の間には、この程度の差が出るものなのであろうか。

なお台湾海峡をめぐる空中戦はこの後も散発的に続く。

最後は一九六七年一月十三日で、

ロッキードF-104スターファイター　四機

MiG-19ファーマー　一二機

が戦い、スターファイター一機とファーマー二機が失われている。

鋭くとがった機首と小さな主翼が特徴的なF-104は、「最後の有人戦闘機」というキャッチフレーズと共に登場し、一躍有名となった。しかし航続距離が短いこと、格闘戦に向かないことなどが理由で実戦参加の例は多くない。

敵の戦闘機と空中戦を交えたのは、わずかにこの台湾海峡の戦いと印パ戦争のみである。したがって戦闘機としての能力判定は困難である。

台湾空軍も七〇機近いF-104を導入したものの、主力としてはF-86Fに長い間頼り切っていた。

F-104の性能的な特徴は上昇力、加速力だが、一般の戦闘機パイロットとしては、やはり旋回性能の良い機体を好むのではあるまいか。

第4章　空中戦の実態／1960年代

ベトナム戦争（一九六一年一月〜七五年四月）

戦争の概要

第二次大戦直後から約八年続いたインドシナ紛争は、再植民地化を夢見たフランスの惨めな敗北で、一九五四年八月その幕を閉じた。

勝利したベトミン（越南独立同盟）は北緯一七度線以北の独立を事実上獲得し、ホー・チミンという強力な指導者のもと、「ベトナム民主共和国（北ベトナム）」として社会主義の道を歩むことになる。

しかし「自由主義の旗頭」を自負するアメリカはこの動きに猛烈に反発、これを「ドミノ理論」のはじまりとして位置づけ、盛んに警鐘を鳴らしたのである。つまりベトナムの共産化は、その後ドミノ倒しのように東南アジア全体に広がっていく、という考えである。

アメリカは反共の砦として南ベトナムに対するテコ入れを強め、反共主義者であるゴ・ジン・ジェムを担ぎ出し「南」の統治者に据えた。

ジェムはその後大統領の座につき、恐怖政治で国民に睨《にら》みをきかす。このため反政府クーデターが頻発し、政情は常に不安定だった。

「南」が政争に明け暮れる中、一九六〇年十二月二十日に反政府武装組織である「南ベトナム民族解放線（NLF）」が結成され、「北」政府の全面的な支援のもと、活動を活性化させた。

NLFの伸長を憂慮したアメリカのケネディ政権は、「特殊戦争理論」を打ち出し、「南」政府軍を支援するために、「軍事顧問団」を続々と送り込む。

しかしアメリカの強力な軍事支援にもかかわらず、NFLの跳梁《ちょうりょう》に衰えはなかった。「南」政府は「戦略村構想」で農民とゲリラとの断絶を図ったが、効果は薄かった。

一九六三年はベトナム情勢にとって一つの転機となった。

まず一月に行なわれた「南」政府軍の大規模掃討作戦（アプ・バクの戦い）がケネディの期待を裏切り、大失敗に終わる。

アメリカ軍事顧問団の指揮のもとヘリコプター多数を投入しての機動戦は、今後の対ゲリラ戦の決定打と見られていた。

しかし結果は多くのヘリを失い、「南」政府軍の惨敗に終わった。

「ヘリボーン作戦」に絶対の自信を抱いていたアメリカは、いきなり出鼻をくじかれ、動揺は隠せなかった。

また「南」政府軍の士気が予想以上に低いこと、そして共産側の戦闘力が決して侮れないことをまざまざと見せつけられたのである。

またこの年、国民への弾圧を強めたジェム政権は四面楚歌の状況に陥り、ケネディさえも彼に見切りをつけていた。

そして十一月二日のクーデターでジェム政権は崩壊する。

そのケネディは同月二十二日に暗殺され、後任に副大統領のジョンソンが就いた。

しかし彼はケネディが進めようとした軍事顧問団の撤退計画を翻し、それとは反対の「正規軍の大規模投入」を唱えた。

一九六四年八月、アメリカ海軍艦艇が「北」の魚雷艇の攻撃を受けるという、いわゆる「トンキン湾事件」が発生する。ジョンソン政権はこれを宣戦布告と受け取り、報復として空母艦載機を発進させ北ベトナム領内を爆撃した。

これがその後断続的にくり返される「北爆」の開始である。

一九六五年に入るとアメリカと「北」の直接対決は決定的となり、二月には「南」領内の中部高原にあるプレイク空軍基地がNLFの奇襲を受けた。

ジョンソン政権はこの報復として「フレーミング・ダート」、そして戦争中最大規模の「ローリング・サンダー」の二つの空爆作戦を行った。特に後者の規模はすさまじく、一九六八年まで延々と続けられた。

これと連動して地上部隊の投入にも踏み切り、三月、南ベトナム北部のダナンに海兵隊三〇〇〇人を上陸させた。

ベトナム駐留アメリカ軍の規模はその後急速に拡大していき、一九六五年末までに一八万五〇〇〇人がインドシナに送り込まれた。

アメリカは同盟国に対しても参戦を求め、その結果、オーストラリア（七六〇〇人）、韓国（五万人）、ニュージーランド（五〇〇人）、フィリピン（二〇〇〇人）、タイ（一万一〇〇〇人）、（いずれも最大時）が戦闘部隊を送り込み、「南」政府軍を支援した。

一九六六年、アメリカ軍の兵力は一気に四八万人に膨れ上がっていった。これに「南」政府軍の六〇万人、韓国軍五万人などが加わる。

一方のNLF側はまだ十数万人の勢力であり、兵員数で自由陣営は優勢を誇っていた。

しかし共産側のテロ活動は依然として活発で、この年にはアメリカ軍専用のホテルやタンソンニュット空港が狙われ、多数の犠牲者が出ている。

ゲリラの捕捉に躍起となったアメリカは、航空機と砲撃によって徹底的に敵軍を潰す「サーチ・アンド・デストロイ（索敵撃滅）作戦」を実行に移す。

この戦術は非常に効果的で、共産側は一ヵ月平均五〇〇〇人の死傷者を強いられ、一時は平野部での組織的作戦を諦め、勢力温存のため部隊を山岳地帯に後退させたほどであった。

しかしこの作戦は当然敵の出血も強要した戦法でもあったため、この年のアメリカ軍の戦死者は五〇〇〇人にまで急増した。

前年から開始された索敵撃滅作戦と北爆の強化（B－52爆撃機の参加）で、一九六七年の戦況は自由陣営にとって有利に進んでいた。アメリカはこのチャンスを逃すまいと、大規模作戦を立て続けに実行し、一気に共産勢力を撃破する方策に出る。

まず「シーダーフォール作戦」を一月から開始し、サイゴン北部に構築された敵の拠点

「鉄の三角地帯」に猛攻を加える。

さらに二月には最大規模の地上作戦「ジャンクション・シティ作戦」を敢行、サイゴン北西の密林に設けられたNLFの一大解放区を潰すために、アメリカ軍三万人を中心に計四万五〇〇〇人の兵力を投入した。

しかしアメリカのこうした物量作戦による優勢は長くは続かず、早くも翌一九六八年には危機が訪れる。

一月には非武装地帯（DMZ）近くのケサンのアメリカ海兵隊基地が「北」正規軍の包囲にあい、七七日間にも及ぶ攻防戦がくり広げられた。

またほぼ同時に共産勢力は「南」全土で一斉に「テト（旧正月）攻勢」を敢行、主要都市やアメリカ軍基地を攻撃した。特にサイゴンとフエをめぐる戦闘は熾烈を極めた。

最終的に自由陣営側はこの最大の危機を何とか持ちこたえたものの、楽観論が支配的だったアメリカ国民に冷や水を浴びせる結果となった。

このときアメリカ軍の総兵力は優に五〇万人を超えていた。

しかし一向に敵の勢力は衰えを見せず、味方の戦死者はうなぎ登りに膨らみ、この年には実に一万四五〇〇人を記録している。

テト攻勢はそれまで細々と続いていたアメリカ国内の反戦運動を勢いづかせ、ついに三月ジョンソン大統領はベトナムからの撤退を決意した。

あとを継いで一九六九年に大統領に就任したニクソンは、兵員の撤退を進める一方で

「南」政府軍の強化を図った。

これがいわゆる「ベトナム化」である。軍事援助を惜しげもなく注ぎ込み、総計一〇〇万人にも達する近代軍を作り上げる。しかし精強なアメリカ軍がいなくなれば、「南」が劣勢に立たされることは誰の目にも明らかだった。

そこでニクソンは、北爆を再開して敵戦力を少しでも削《そ》ぐことに努力を傾注する一方、ホー・チミン・ルート壊滅のために、一九七〇年三月にはカンボジア、そして一九七一年一月にはラオスへの侵攻作戦を実施した。

カンボジアでの作戦は奇襲が功を奏して成功、共産側に大打撃を与えた。しかし次のラオスにおいては猛烈な反撃にあい、手痛い打撃を受けて失敗した。

この戦争の全面的な勝利を望めなくなったことを悟ったニクソンは、和平に向けての外交交渉を活発化させた。ただし現地では交渉を有利にするための作戦が、両者によって展開されていたのである。

三月には「北」正規軍二万人がDMZを越えて「南」に侵攻、クアンチ省を巡って政府軍と激しい攻防戦をくり広げている（イースター攻勢）。

これに対してアメリカは北爆をまたもや再開、「ラインバッカー」の名のもとに、延べ二〇〇〇機以上の爆撃・攻撃機をくり出して報復を行った。

一九七三年一月二十七日、パリで南北の和平協定が調印された。形だけの和睦だったものの、これでアメリカは戦争という呪縛《じゅばく》から解放され、八月十五日完全撤退を果たす。

アメリカから見放された南ベトナムはその後二年と持たなかった。

すでに一月末には共産勢力との戦闘が再開され、停戦は有名無実になっていた。依然一〇〇万人近い兵力を擁していた「南」政府軍だったが、士気の低下はひどくなるばかりで各地で苦戦、敗退をくり返した。

アメリカの再介入がないことを確信した「北」政府は一九七四年一月、ついに「南」への全面侵攻を開始、大部隊で怒涛の如くDMZを越え南下する。

「南」政府軍はパニックに陥り、われ先にと敗走、すでに組織的な防衛は不可能になっていた。

一月十七日北部のフォクビン省が陥落したのを皮切りに、三月二十六日にはフエが、そして二十九日には北部最大の軍事拠点ダナンが共産側の手に落ちた。

「南」政府軍は残存兵力を首都周辺に集め最後の抵抗を試みようとしたが、その試みもむなしく四月三十日サイゴンが陥落し、ベトナム戦争は終結した。

この戦争によりアメリカは戦死・行方不明者五万七七〇〇人、負傷者三〇万七〇〇〇人、航空機の損失八五〇〇機の損害を出した。

また「南」政府軍二〇万人、共産側一〇〇万人、韓国をはじめとするアメリカ同盟国軍六四〇〇人、共産側を支援した中国軍一一〇〇人の死者をそれぞれ出している。

ベトナム戦闘に参加した戦闘機

○アメリカ空軍
ノースアメリカンF－100スーパーセイバー
コンベアF－102デルタダガー
ロッキードF－104スターファイター
リパブリックF－105サンダーチーフ
マクダネルF－4ファントム・Ⅱ
ノースロップF－5フリーダムファイター
○アメリカ海軍
マクダネルF－4ファントム・Ⅱ
LTV・F－8クルセーダー
○南ベトナム空軍
ノースロップF－5フリーダムファイター
○北ベトナム空軍
ミコヤン・グレビッチMiG－17フレスコ
〃　　MiG－19ファーマー
〃　　MiG－21フィッシュベッド
ただしMiG－19は中国製のシャンシェンF－6の可能性あり。またMiG－17についても、そのかなりの部分が中国製であった。

北ベトナム空軍の戦闘機保有数は、初期には一二〇機、戦争の激化にしたがって二〇〇機にまで増強された。

そして戦闘、事故による損失を、中国、ソ連が迅速に提供したため二〇〇機という数は常に変わらなかったと考えられる。

またそれ以上機数を増やそうとしても、パイロットの訓練、航空機の運用支援が追従できなかった。

ベトナム戦争での空中戦

ベトナム戦争は一九六一年初期からはじまり、一九七五年四月末まで一四年間にわたって続いた大戦争であった。

そして参戦したのは次の各国である。

南ベトナム政府軍側に

アメリカ、韓国、タイ、オーストラリア、ニュージーランド、フィリピンが加担した。

また共産勢力は

南ベトナム民族解放戦線（ＮＬＦ）、北ベトナム政府軍

であったが、最近になって中国が五万人以上の軍隊を〝北〟に送っていたことが明らかに

なった。

これらの部隊は輸送、防空、建設の任務につき、一〇〇〇名以上の戦死者を出している。

しかし航空戦、それも空中戦をみる限り、相対した戦力はアメリカ、北ベトナムの二ヵ国だけであった。

「南」での戦況悪下は「北」がNLFを援助しているからであると判断したアメリカは、前述のトンキン湾事件をきっかけとして、北ベトナムの爆撃に踏み切る。

これは一九六四年八月五日から七二年十二月三十日まで断続的に続いた。

このいわゆる「北爆」の規模は極めて大きく、次の数字が残っている。

総出撃数　一八万三八七〇機

投下爆弾量　一六九万三四〇〇トン

米軍機の損失数　一〇二五機（米軍発表）

〃　四〇〇〇機（北ベトナム発表）

損失数はアメリカと「北」の数字にかなりの差が見られるが、これは、

一、アメリカ軍は、損傷を受けながらも基地へたどりつき、着陸時に大破したもの（乗員の無事が条件）は損失としていない。

二、五百機以上失われた無人偵察機を算定していない。

など数え方が異なっていることによる。「北」上空におけるアメリカ軍機の損失原因は、

一、対空火器（AAA）　八〇パーセント

二、対空ミサイル（SAM）　八〃
三、迎撃戦闘機　七〃

といった状況であった。なお合計が一〇〇パーセントにならないのは、複合原因、原因不明の部分が存在するからである。

空中戦だけに絞って調べていくと、戦争中のこの分野の戦闘が比較的小規模であるのがわかってくる。

空中戦における米軍機の損失　七六機
〃北ベトナム空軍機の損失　一九一機
（いずれもアメリカ側の発表。「北」は損害、戦果とも未発表）

足かけ八年の空中戦の結果がこれだから、第二次世界大戦はもちろん、朝鮮戦争と比較してもスケールは小さいといってよい。

また米軍（空軍、海軍、海兵隊）機を一としたときのキル・レシオ（撃墜率）は二・五で、種々の条件を考えると「北」空軍の善戦ぶりが見てとれるのである。

その例としてアメリカ、北ベトナム空軍の最初の交戦は、一九六五年四月四日に初めて発生し、すでに旧式化していると思われたミグMiG－17が、最新のリパブリックF－105戦闘爆撃機二機を撃墜したのであった。

北ベトナム上空で延々と続く空中戦のパターンは常に決まりきったものといえる。それは、

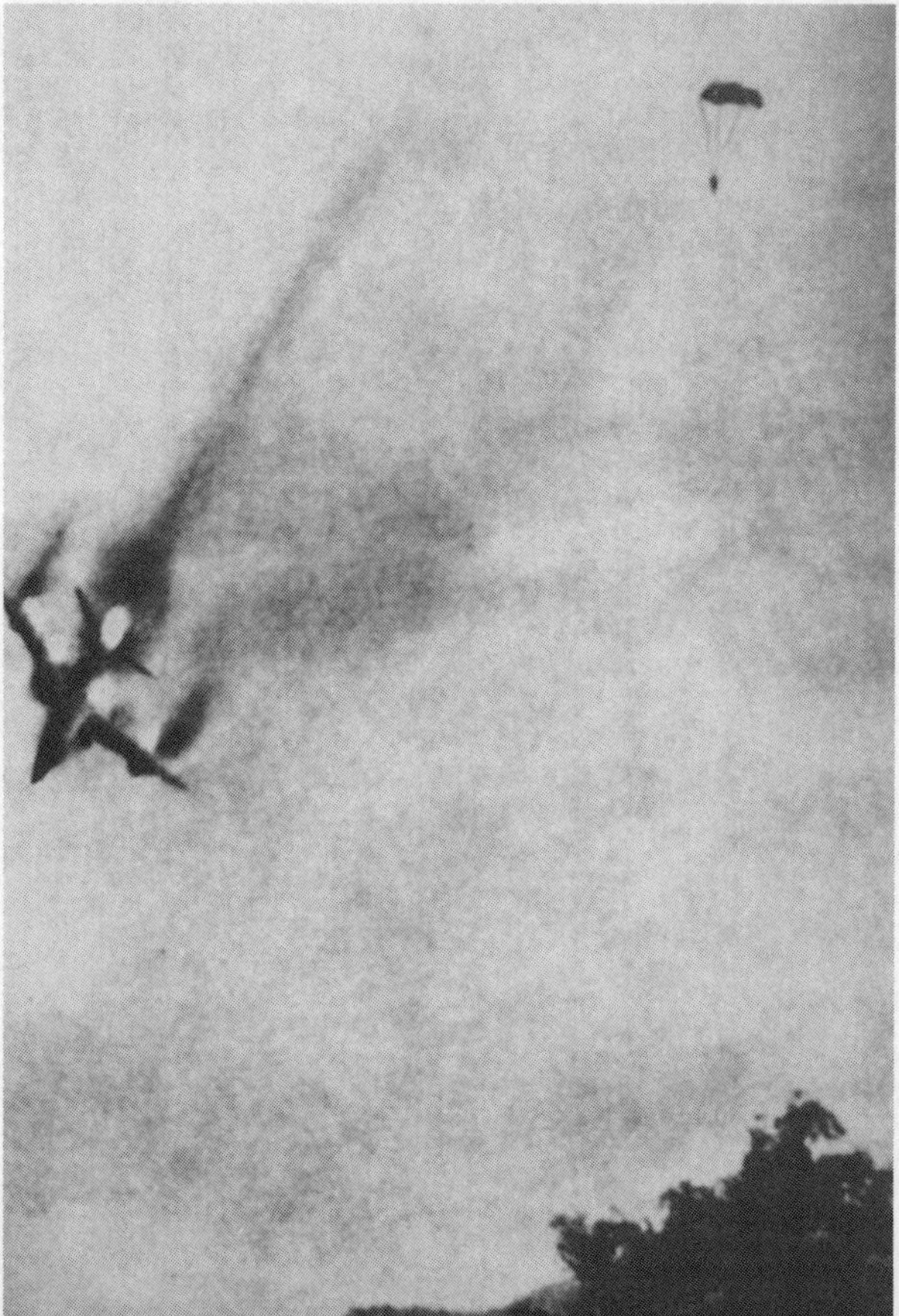

撃墜されたF-105戦闘爆撃機と脱出した乗員のパラシュート

アメリカ海・空軍の侵攻

北ベトナム空軍の迎撃

である。これをもう少し詳しく見ていくと、

○アメリカ軍航空部隊

戦闘爆撃機を戦闘機がエスコート

対空システムの破壊が重要

攻撃にさいしては、地域、時間的に厳しい制限が課せられる

となり、戦闘機も純粋の空中戦目的以外の任務に駆り出された。

これらの多重任務はパイロットに極めて重い負担をかけていたようである。

○北ベトナム空軍

これに対して北空軍の任務は全く単純で、重要拠点の防空だけであった。そして相手のアメリカ軍があまりに強力であるため、正面から立ち向かって全滅させることなど論外といってよい。

したがって戦闘機隊はゲリラ的にアメリカ機の編隊を襲えばよかった。

言いかえれば敵機を撃墜することより、攻撃を仕掛けて、搭載している爆弾を無駄に投棄させれば任務は成功なのである。

自軍の戦闘機の数が少ないので、できるだけ損失を避け、アメリカ軍・空軍の負担を強いることに全力を傾けるのであった。そしてその戦術は大いに成功し、アメリカは常に効率の

悪い攻撃を続けなくてはならなかった。

それではこの戦争の空中戦について話題となったいくつかの事柄を取り上げ、読者と共に検討してみよう。

一、重戦闘機か、軽戦闘機か

アメリカ海・空軍の戦闘機（北爆に参加したものに限る）は、すべて重量が一〇トンをはるかに超えるものばかりであった。

最も軽量のF－8クルセーダーでも平均的な重量は一二トンとなっている。

アメリカ軍の主力戦闘機のF－4ファントムに至っては、なんと二五トン。これに対して北空軍の戦闘機は、

MiG－17　六・一トン

〃　19　八・七トン

〃　21　七・九トン

と三分の一ないし四分の一であった。

したがってベトナムにおける空中戦が、アメリカ製の重戦闘機対ロシア製の軽戦闘機の戦いであったことは間違いない。

同時に翼面荷重を調べてみると、アメリカ軍機はすべて三〇〇キロ／㎡以上、ほとんど四〇〇キロ／㎡に近い。

これに対してミグの三機種はいずれも二〇〇キロ台の前半である。最も軽いMiG－17は二一〇キロ／㎡

〝重いF－4は四〇〇キロ／㎡

この数字を見る限り、推力重量比がどのような値になろうと、『低空での格闘戦』の場合、ミグの有利は疑う余地がない。

F－4は優れたレーダー、火器管制装置、乗員の技量によってこれをカバーして戦い続けた。

なにしろアメリカ軍のパイロットの中には、『空中給油のシステムを装備したF－86セイバーの再生産が必要』と言い出す者さえ現われた。これはもちろんジョークであろうが、運動性の良いMiG－17にF－4、F－105がてこずったことは事実である。

まさか本当にセイバーを投入するわけにはいかなかったであろうが、これに代わる戦闘機としてはボート（LTV）F－8クルセーダーが挙げられる。

前述のごとく当時のアメリカ軍にあっては、ノースロップF－5と共に最も軽い戦闘機（それでもミグの一・五ないし二倍近く重い）で運動性も良く、MiG－17、(19、21)の好敵手となった。

武装は二〇ミリ機関砲四門で、アメリカ戦闘機中、最後の多銃装備機であった。そのためもあって、F－8は〝最後のガンファイター〟のニックネームをもらっている。

その名に恥じずF－8は一八機（一九機の資料もある）のMiG戦闘機を撃墜し、損害はわずかに四機であった。したがってキル・レシオは四・五となり、極めて優秀と言える。

ただし戦闘爆撃機としての能力は、F－105、F－4に大きく劣り、一九七〇年頃から次第に姿を消していった。

この重戦、軽戦の対決について筆者はアメリカ海軍のミラマー基地（カリフォルニア州サンディエゴ近郊）で、

典型的な大型重戦闘機
グラマンF－14トムキャット／重量三〇トン
軽量双発戦闘機
ノースロップF－5タイガー／重量八トン

との模擬空戦を見る機会を持った。

基地上空での短時間の空戦にすぎなかったが、F－5を捕捉しようとするF－14は水平面での戦闘を見る限り、極めて鈍重であった。時にはF－5の急旋回に追従できず、後方につかれてしまう場面もたびたび見られた。

高空でAWACS（空中管制機）の指示を頼りに、中・長距離空対空ミサイルで攻撃する戦術をとるならいざ知らず、低空で、かつ断雲を突っ切って行なわれるような格闘戦となったら、F－14の不利は免れない。

この反省がアメリカ空軍にはF－16ファイティングファルコンを、海軍にはF／A－18ホーネットを誕生させたのであろう。

二、機関砲とミサイル

当時各種ミサイルの能力が過大に評価され、主力戦闘機F－4はAAMだけで全く機関砲を持っていなかった。

これは海軍の艦艇も同様であり、最新の原子力巡洋艦ロングビーチも、いっさいの大砲を装備しないまま就役した。

どちらもすぐに大問題となり、F－4もロングビーチも共に火砲を持つようになる。

F－4はF－105と同じM61二〇ミリ・バルカン砲を持ち、これによりミグとのドッグファイトも可能になった。

この事実と矛盾するようだが、戦争の中期以降主要な攻撃用兵器は再びAAMとなって、機関砲による敵機撃墜は極めて稀な出来事になった。

そして一九九一年の湾岸戦争では、戦闘機同士の空中戦で機関砲による撃墜はついに皆無になってしまうのであった。

三、戦闘機の運用技術

ベトナム戦争の航空戦のもう一つの特徴は、北空軍がソ連製戦闘機の性能の一端を、西側に見せつけたことである。

朝鮮戦争をのぞくと、第三諸国間の紛争に登場したソ連製航空機（特に戦闘機）は、西側（アメリカ、イギリス、フランス）で製造された戦闘機に、実戦において常に押され続けた。

特に二次、三次、四次の中東戦争では、ほとんど勝利を得ることなく敗れ去ったのである。

しかし北ベトナム空軍は、機数、支援体制、パイロットの技術といった面でアメリカ軍に大差をつけられながらも、ソ連製戦闘機を駆使して善戦した。

後述するキル・レシオ（北空軍から見て〇・四、四機の損失で米軍機一機を撃墜）は、種々の条件を考慮したさいには、十分に評価できるのである。

特にアラブ諸国（エジプト、シリア、イラク）と比較した場合、その差は大きい。

〇北ベトナム空軍

不利な状況下で、それなりに活躍する

〇アラブ諸国の空軍

教の上では条件は対等ながら、イスラエル空軍に圧倒され続ける

このようなソ連製戦闘機の活躍ぶりについての違いは、どこから来ているのであろうか。

この違いを検討すると、

①機械技術についての理解力の差

②多種の任務をこなさなくてはならないアラブの空軍と、防空戦闘だけに力を入れることができた北ベトナム空軍の違い

着陸後ガンカメラのフィルムに見入る北ベトナムのパイロット

③戦場上空の天候の相違。常に晴天の続く中東の空と、年間の半分以上が曇天におおわれている北の空

といった事柄が考えられる。特に③の天候の問題は、空中戦の勝敗に大きく影響した。強力なレーダーを装備し、空中指揮管制機の支援があっても、不順な天候が続き、視界の悪い空域での空中戦には不確定要素が多数存在する。北の首都ハノイとその周辺、例えば紅河デルタ上空の悪天候は、常に北ベトナム空軍の戦闘機隊の味方をしていたようである。

アメリカ海空軍はベトナム上空における空中戦において、思うように戦果を挙げられないことに焦りを感じていた。

その真偽はともかく、朝鮮戦争のさいのキル・レシオ（一対一〇）と比較して、ベトナムのそれは一対二・五と四分の一なのである。

これを少しでも向上させようと、

①異機種との空中戦の訓練の強化

②空中戦専門の訓練部隊の新設

に踏み切った。これは一九七〇年代に入るとわずかながら効果を発揮しはじめる。

これをキル・レシオで見ていくと、

一九六五年～六八年　二・一六

一九七〇年〜七三年　二・二五

となる。

特に空中専門の訓練部隊〝トップガン〟により、徹底的なドッグ・ファイトのテクニックを身につけたアメリカ海軍戦闘機部隊は、戦争の後半において、撃墜二二機、損失四機、キル・レシオ五・五という素晴らしい数値を記録する。

このようにベトナム戦争は、旧東側、アメリカの空軍に多くの示唆《しさ》を与えた。

その最大のものを掲げれば、

①旧式の戦闘機でも運用方法を考えれば十分に役に立つ

②やはり一機ですべての任務をこなす〝万能戦闘機〟は存在しない

ということであろうか。

これはその後の各国空軍の動向を見れば、如実に反映されているのであった。

ベトナム空中戦の最終決算

アメリカ軍が北ベトナム爆撃に踏み切ったのは一九六四年八月であり、その後〝北爆〟は一九七三年一月まで断続的に行なわれた。この間、アメリカ軍は北上空で一〇二五機を失っている。

戦闘機同士の空中戦に限れば、米軍機は一九一機のMiG（17、19、21型の合計）を撃墜し、七六機を失っているから、キル・レシオは二・五となる。

またより厳密に言えば、ミグの損失のうち

ダグラスA-1スカイレイダー攻撃機（レシプロエンジン付）により二機

ダグラスA-4スカイホーク攻撃機により一機

ボーイングB-52ストラトフォートレス爆撃機により二機

が記録されているから、戦闘機による戦果は、一八六機となる。

次にアメリカ空軍と海軍（プラス海兵隊航空部隊）による撃墜と損失は、

○アメリカ空軍

撃墜　一三七機（撃墜数の七二パーセント）

損失　六〇機（被撃墜数の七九　〃　）

キル・レシオ／二・三

○アメリカ海軍

撃墜　五四機（　〃　二八パーセント）

損失　一六機（　〃　二一　〃　）

キル・レシオ／三・四

であった。

アメリカ軍の侵攻、北ベトナム空軍の防空とそれぞれの立場は全く異なっていたが、後者は十分に敢闘したと言える。なぜなら爆撃にさらされていながら、〇・四のキル・レシオを維持しているからである。

北ベトナムの戦闘機隊はソ連、中国からの大量の物資、技術援助があったにしろ、強大なアメリカ海・空軍を相手に一歩も退かず戦ったのであった。

次に機種別の戦果と損害を見ていく。

空中戦を交えた戦闘機は、アメリカ三種、そして北ベトナムも三種である。データはアメリカ側の公表値に頼らざるを得ないが、次のような結果となった。

◯マクダネルダグラスF－4ファントム（空・海軍共用）

MiG－17フレスコ×五一・五機

〃　ファーマー×一〇機

〃　フィッシュベッド×九六・五機

◯ボートF－8クルセーダー（海軍）

MiG－17×一四機

〃　19　なし

〃　21×四機

◯リパブリックF－105サンダーチーフ

MiG－17×二七・五機

小計としては、F－4ファントムが一四〇・五機（七五・五パーセント）、F－8クルセーダーが一八機（九・七パーセント）、F－105サンダーチーフが二七・五機（一四・八パーセント）で、ベトナムにおける空中戦の主役はやはりF－4であった。

一方、北ベトナム側の損失の比率は、

MiG－17　九三機（五〇パーセント）
〃　19　一〇機（五・四〃）
〃　21　八三機（四四・六〃）

で、17と21がほぼ半々であった。

アメリカ軍の戦果に〇・五機という数字があるが、これは二機が共同で敵の一機を撃墜したことを意味している。

なお残念ながらF－4、F－8、F－105が、ミグの何型に撃墜されたのか、という点は不明のままである。

北ベトナムの空中戦についての情報公開は全くなく、単に北の上空で米軍機四〇〇〇機を撃墜したとの発表にとどまっている。

これはアメリカの発表の一〇二五機の四倍に当たる。

北ベトナム上空の空中戦のもう一つの特徴は、空対空ミサイルの大量使用である。

アメリカ製のＡＡＭ

ＡＩＭ－９サイドワインダー
ＡＩＭ－７スパロー
ソ連製のＡＡＭ
　ＡＡ－２アトール

といったミサイルは、機関砲をしのぐ戦闘機の主要兵装となった。

ＭｉＧを撃墜した兵器についてアメリカ空軍の記録によれば、

ミサイル　八八機（六四・二パーセント）
機関砲　三九機（二八・五　〃　）
二種の併用　二機（一・五　〃　）
不明　八機（五・八　〃　）

となっていて、空対空ミサイルの威力が如実に示されているのである。

朝鮮戦争の終結（一九五三年七月）から十数年の間に、機関砲は兵器の主役の座から滑り落ちてしまった。

それでもベトナム戦争では約三割がこれによる撃墜である。

しかし一九九一年の湾岸戦争に至ると、戦闘機同士の空中戦で、機関砲により撃ち落とされたものは皆無となった。

このひとことを見ても、ＡＣＭにおける機関砲の役割はほぼ終わったのである。

今後の空中戦においては、強力なレーダーにより先に敵を発見し、一瞬でも早くＡＡＭを発射した側に勝利がころがり込む。

そのため戦闘機は、ミサイル・プラットホームとしての価値が問われることになるのであった。

第二次インド／パキスタン戦争（一九六五六月～九月）

戦争の概要

インドとパキスタンの間に横たわる最大の懸案事項「カシミール問題」は、両国の独立直後から噴出し、一九四八年の第一次印パ（インド・パキスタン）戦争へと発展した。

その後両国の非難合戦は間断なく続けられてきたものの、関係各国の努力もあって、インド亜大陸は比較的安定していた。

しかし一九五〇年代もなかばを過ぎたあたりから、この大陸にも再び暗雲が漂いはじめる。

一九五八年十月パキスタンで軍事クーデターが発生、アユブ政権が発足する。彼はインドとの懸案事項であるインダス河水利権問題と、カシミール紛争の解決に精力を傾けた。

インド側の理解も得て一九六〇年、世界銀行の仲裁で水利権問題は一応解決はしたものの、複雑にもつれたカシミール問題をほどくまでには至らなかった。

そしてこれ以降、両国間の関係は急速に悪化する。双方ともその軍備を増強し続け、パキスタンは西側、そしてインドは非同盟の盟主を掲げつつもソ連への傾斜を強めていった。

一九六二年中国とインドの間で国境紛争が勃発する。イギリス統治時代から営々と続けられていたカシミール～ヒマラヤの境界線問題が、ついに武力紛争へと発展したのである。

当時毛沢東の中国と対立していたソ連は、インドへの大量の援助を行った。一方この実状を見ていたアメリカも、これ以上南アジアの大国が東側陣営にくみすることを阻止する目的と、反米色を一層強める中国への対抗上、インドに大規模武器援助を実施した。

しかしアメリカのこの行為にパキスタンは猛烈に憤慨する。最大の味方であると疑いすらしなかったアメリカが、敵国インドに武器援助をしたのである。このためパキスタンは急速に中国への接近を計った。そしてカシミールとチベットとの間の境界線を確定する協定を両国は締結する。

しかし今度はこれにインドが猛反発し、逆にカシミールの完全統合を一九六四年十二月に宣言、印パ両軍による小競り合いが頻発していった。

特に一九六五年四月二十四日に起こった国境紛争は、両国の全面戦争へと発展しかねないほど激烈だった。

インド・西パキスタン国境の南部地区、カッチ湿地帯で対峙しあっていた両軍が戦火を交え、激戦は二十七日まで続いた。

この武力衝突はいったん停戦を迎えるものの、翌二十八日にはインド軍の越境攻撃を合図に再び戦闘が開始された。六日、旧宗主国イギリスが調停に乗りだし、両国は一応矛《ほこ》を収めたが不信感の払拭にはほど遠かった。

こうしたなか八月に、武装したパキスタン人一〇〇〇人が突如カシミールの停戦ラインを越えインド管理地区に侵入、スリナガルでの蜂起を試みる。

これに対しインド側は、軍・警察を大量に投入して鎮圧を計り、さらに報復措置として、正規軍をパキスタン管理地区へと進め、拠点を制圧する。

インド軍の侵攻に危機感を強めたパキスタンのアユブ大統領は、九月一日正規軍多数をカシミールに派遣、両軍の全面衝突に突入した。

緒戦はパ側に有利に進んでいた。戦車約七〇台を主力とした部隊がインド管理地帯へと進撃、五日後には境界線から四〇キロのジャウリアンを占領する。

劣勢を挽回すべくインド側は、山岳地帯に限定されていた戦闘を印パ国境全体に広げ、敵の兵力を分散させる策に転じる。

インド軍の大部分がパンジャブ地方で越境し、拠点の町ラホールをめぐって両軍は激しい攻防戦を展開した。

一方互いの主要都市への空爆も間断なく続けられ、パ側はバタコンド、アダムプール、またインド側は東パキスタン地方のチッタゴンなどを空襲した。

しかし十日頃には各戦線とも膠着し、九月二十二日、国連決議に基づいて停戦した。

第二次印パ戦争は両国の全面戦争になる危険を十分はらんでいたものの、最悪のシナリオは直前で回避された。

背後で影響力を行使する米ソという超大国が動いたためともいわれている。また当時軍事力においてパ側を圧倒していたインドではあったが、シッキム（ヒマラヤ山麓にあった小国で当時インドの保護国）に対して軍事的圧力をかけていた中国の強い牽制にあい、戦線への兵力集中が十分できなかったようである。

その後両国はソ連の仲介により交渉のテーブルにつき、一九六六年一月十日「タシケント合意」を採択、和平合意に達した。

こうして第二次印パ戦争も一応終息し、辛くも両国の全面戦争までには至らなかった。しかし依然として紛争の種ともいえるカシミール問題は棚上げ状態のままで、その後何度となく小競り合いをくり返しつつ、抜本的な解決にはほど遠い有り様である。


（両国の兵力）

●インド

陸軍

兵力…八二万五〇〇〇人

歩兵師団…一六個

装甲師団…一個

戦車連隊…六個
海軍
兵力…一万六〇〇〇人
排水量…七万八〇〇〇トン
航空母艦…一隻
巡洋艦…二隻
その他艦艇…五四隻
空軍
兵力…二万八〇〇〇人
戦闘機…二四〇機、爆撃・攻撃機…一二〇機など七四〇機

●パキスタン

陸軍
兵力…二三万人
歩兵師団…八個
装甲旅団…一個
海軍
兵力…九〇〇〇人
排水量…二万七〇〇〇トン

駆逐艦…七隻を中心に二四隻

空軍

兵力…一万五〇〇〇人

戦闘機…一二〇機、爆撃機…五二機など二九〇機

（損害）

インド側

戦死…二二一二人

行方不明…一五〇〇人

負傷…七六三六人

パキスタン側

死傷・行方不明…五八五〇人

第二次インド／パキスタン戦争に参加した戦闘機

○インド空軍

ホーカー・ハンターF－56	一一〇機
フォーランド・ナットMk1	五〇機
〃　バンパイアFB52	一二〇機
ダッソー・ミステールⅣA	六〇機

ダッソー・ウーラガン　六〇機

他にソ連製ミグMiG－21フィッシュベッドを導入中であった。

○パキスタン空軍

ノースアメリカンF－86セイバー　一〇〇機

ロッキードF－104スターファイター　一四機

この八機種のすべてが機関銃／砲を装備するが、空対空ミサイルを持つのは二〇～三〇機のF－86F（AIM－9サイドワインダー）だけであり、これが大きな威力を発揮している。

一九六五年に勃発したインド／パキスタン戦争（印パ戦争）では、インド空軍の英・仏製戦闘機と、パ空軍のアメリカ製戦闘機の対決となった。

インド空軍の戦闘機の主力は、前述のごとく、

ホーカー・ハンター

フォーランド・ナット

であり、バンパイア、ミステールはもっぱら戦闘爆撃機として用いられた。

パキスタン空軍は保有する百機のF－86Fセイバーを二つの部隊に分け、戦闘機、戦闘爆撃機の任務に振り当てている。

このF－86は全戦線にわたって大いに活躍し、戦闘爆撃機および地上攻撃機としても極め

て優れた機種であることを実証した。

一四機そろっていたF－104スターファイターは、ごく一部が出撃しただけに終わり、空中戦に参加したのは一回だけと推測される。

それではこの戦争の空中戦を、これまでとは違った見地から見ていくことにする。

ここでは他の戦場ではほとんど見られない機種同士の対決が行われたからであり、その戦いを個別に記すことにする。

○セイバー対バンパイア　九月一日の空戦

インド空軍

デ・ハビランド・バンパイア　四機

パキスタン空軍

ノースアメリカンF－86Fセイバー　二機

性能的にバンパイア（指数八九）、セイバー（一〇〇）と大差があり、短時間の空中戦ののち、前者四機のすべてが撃墜されてしまった。

これ以後、インド空軍はバンパイアを攻撃機としてのみ使う決定を下した。

バンパイアはジェット戦闘機とは言え、構造材の一部に木、張布が使われており、いまだレシプロ戦闘機の影を引きずっている旧式機であった。

○セイバー対ナット　九月四日の空戦

インド空軍
フォーランド・ナット　四機
パキスタン空軍
F－86Fセイバー　四機

戦闘爆撃機として使用されていたF86編隊にナットが襲いかかり、空中戦となる。インド空軍は二機のセイバーを撃墜と発表したが、パ軍は一機のみ墜落としている。ナットには損害はなかった。

これ以外に超軽量戦闘機ナットは、F－86Fを相手に対等以上に戦っている。ただしあまりに小型で、用途は迎撃戦闘に限定されていた。

ナットは自重二・三トン、総重量三・四トンで、これまで出現したジェット戦闘機のなかでは最も小さく、最も軽い。

対戦相手のF－86と比較すると、自重で四五パーセント、総重量では四三パーセントしかなく、いかに小さなジェット機か、分ろうというものである。

エンジンも特に強力ではないが、ともかく機体が軽いので、推力重量比はきわめて大きく〇・六七に達する。したがって性能指数は二〇〇を超え、限定された空域におけるドッグ・ファイトとなったら、その能力を十分に発揮した。

推重比が同程度の戦闘機を探すと、攻撃用途にも使われるSEPECAT・ジャガーに行き当たる。

またフォーランドというメーカーも特異な会社で、唯一の機種ナットのみを設計し、量産したただけで消えてしまった。

ナットはF－86Fだけでなく、パ空軍最新鋭のロッキードF－104スターファイターとも戦っている。ただしF－104が相手となっては明らかに力不足であり、戦果は記録されていない。

ナット対セイバーの対戦はこのあと三回あり、戦果、損害は双方の側に三機ずつとされている。

○セイバー対ハンター九月六日の空戦

インド空軍
ホーカー・ハンター　　四機

パキスタン空軍
F－86Fセイバー　　三機

アダンプール空軍基地攻撃に向かった三機のセイバーを四機のハンターが迎撃し、激しい空中戦となる。

セイバーの編隊は六分間のドッグ・ファイトののち、ハンター三機を撃墜したが、自軍の損害は皆無であった。

同じ日、イ空軍のセイバー三機がハンター一〇機と交戦した。数的に不利なF－86ではあったが善戦し、三機を撃墜、一機を失う。

Ｆ−86とハンターは性能も一〇〇対一三六と接近しており、また設計目的も似ていたため、空戦の勝敗はパイロットの技量によるところが大きかった。

一般的に見ると、早くからセイバーを導入していたパ軍が優勢であったと見るべきである。

○Ｆ−104対ミステール九月七日の空戦

インド空軍

ダッソー・ミステールⅣ　六機

パキスタン空軍

ロッキードＦ−104スターファイター　四機

サルダゴ基地を攻撃した六機のミステール部隊をＦ−104が迎撃し、空中戦となった。

高性能を誇るＦ−104だが、旋回性能の良いミステールにはてこずったようである。

翼面荷重はＦ−104が四七二キロ／㎡、ミステールが一七五キロ／㎡と大差がある。また推重比は〇・八四と〇・六三であった。

面白いことにミステールは旋回重視、Ｆ−104は高速、上昇力重視の設計であるにもかかわらず、性能指数は一六八、一三八とほぼ等しい。

したがって一撃離脱戦術を採用しないと、Ｆ−104が不利となることがわかる。空戦の結果はミステール二機、Ｆ−104一機が失われているから、引き分けに近い。この機種の対決は九月七日の一度だけであった。

戦争は小競り合いを含めると三カ月続いたが、このうち激戦となったのは九月一日からの三週間であった。

空中戦の結果としては、パキスタン側から詳しい報告がなされている。

空中戦により二一機を撃墜

ハンター一二機、バンパイア四機

ミステール三機、ナット二機

損害　セイバー七機、F－104一機　計八機

この数値と、空中戦のさいのナットの撃墜数に食い違いが見られる。

一方、インド空軍は、空中戦で一五機を失い、戦果は七三機としている。この七三機は対空砲による数も含まれているので、正確な空中戦による撃墜数は不明のままである。

例によって最も信頼できる数値として、自軍発表の損失数を比較すると、

パキスタン空軍　　八機

インド空軍　　一五機

で、勝利は明らかにパキスタン側にあった。

第三次中東戦争（六日間戦争）（一九六七年六月五日～十日）

戦争の概要

二次にわたる対アラブ戦を勝ち抜きながらも、一九六〇年代のイスラエルを取りまく情勢は依然として緊迫の度を深める一方であった。

先祖の土地を追われたPLO（パレスチナ解放機構）は、シリアの支援を受けて、イスラエルに対する聖戦を誓い、キブツ（ユダヤ人の集団農場）への越境砲撃を続けていた。

これに対しイスラエルは空軍機を出動させて、シリア領内を爆撃するなどといった報復を何度となくくり返すが、ゲリラ活動は一向に収まる気配を見せなかった。しかも一九六七年四月には、イスラエル・シリア両軍の空中戦までも演じられ、緊張は最高潮に達していた。

アラブの盟主を自負するエジプトは、イスラエルに対する兵糧攻めを実施、アカバ湾を軍事封鎖した。当時イスラエルが必要とする原油の大部分がこの湾を通って送られていたため、ユダヤ国家に衝撃が走り、対アラブ戦争へと国論が急速に傾いていった。

最大の支援国アメリカを何とか説得したイスラエル指導部は、短期決戦による状況打開策を決定、同国を包囲するエジプト、ヨルダン、シリア、レバノンの四カ国に対して六月五日先制攻撃を開始する。

電撃戦はまずエジプトに対して火蓋が切られた。三波に分かれた計一二〇機にものぼる戦闘機が、地中海の沖合から大きく迂回する形で南下、空軍基地が集中するカイロ、スエズ運河周辺を徹底的に爆撃した。これによりエジプト空軍は壊滅に近いダメージを受けてしまった。

また同日正午過ぎにはヨルダン、シリア両国に対しても空爆が敢行され、二つの空軍戦力も同様に崩壊している。

緒戦でほぼ制空権を掌握したイスラエルは、間髪入れずに地上戦へと移行、機甲部隊を中心とした陸軍主力をシナイ半島に進撃させた。

この時点で動員されていた兵力は、イスラエルの三〇万人に対して、アラブ側（エジプト、シリア、イラク、ヨルダン）は六〇万人、戦車数は八百台対二五〇〇台で、明らかにイスラエル側は劣っていた。このため全戦線で同時に戦いを挑むことは極力避け、一方面に戦力を集中する。

地中海に沿って進撃する部隊はラファ、エル・アリシュと次々に攻略、内陸の要衝アブ・アゲイラも激しい攻防の末六日までに手中に収めた。

敵の急襲に圧倒されたエジプト軍は我先にと敗走する。一方イスラエル側は余勢を駆って一気に西進した。そして敵主力の捕捉・撃破を行いつつ、八日にはスエズ運河東岸にまで到達した。

イスラエルは開戦からたった四日間でシナイ半島全域を制圧したのである。

一方ヨルダン方面でも同時に激戦がくり広げられた。シナイで戦闘がはじまると、イスラエルを牽制するためヨルダン軍はエルサレムやテルアビブに激しい砲撃を行った。

五日夕方、エルサレム北方でイスラエル機甲部隊は越境し、戦車戦の末、要衝ジェニンを敵の手から奪った。

旧市街をめぐる戦闘も激しさを増し、頑強に抵抗する敵に対してイスラエルは精鋭の空挺旅団まで投入、壮絶な市街戦の末七日にようやく占領する。その後ヨルダン軍は後退し、ヨルダン川西岸はイスラエルのものとなる。

さて対エジプト戦に決着がつくまでシリアとの戦闘を控えていたイスラエルは、スエズ戦で勝利するとすぐさま主力機甲部隊をゴラン高原の戦場に移動させ、九日朝兵力二万人、戦車二五〇台をもってシリア領に攻め入った。

一方シリア側は重厚な防御線を兵力四万人、戦車二六〇台の戦力で守りを固めており、双方は正面から衝突した。

イスラエル軍は圧倒的な空軍の支援を受けていたが、敵の地雷原と猛烈な砲撃で進撃はままならなかった。このためゴラン高原南部で陽動作戦を敢行する。これにあわてたシリア軍は首都ダマスカスを守るために、戦線を維持する部隊を後退させた。

イスラエル軍の策は成功し、十日に要衝クネイトラを奪取、その後午後六時半停戦した。六日間にわたるこの戦争は、短期決戦でシナイ半島全域とヨルダン河西岸、そしてゴラン高原を占領したイスラエルの圧勝だった。

これによりイスラエルは、周辺の敵国との間に大きな緩衝地帯を設けることに成功し、安全は大いに高まった。

しかし一方で国際紛争を軍事力で解決し、しかも隣国の領土を占領するというイスラエルの態度に、世界的な非難が集中したのも事実であった。

一方アラブ側はまたしても対イスラエル戦に破れ、その威信低下は避けられなかった。

イスラエルはこの戦争で一応の勝利を手に入れたものの、その後三年以上にわたって、周辺国による執拗なまでの砲撃、ゲリラ活動に悩み苦しむことになる。

（両軍の兵力）

●イスラエル
総兵員数…七万人
予備兵力…二三万人
戦闘車輛…八〇〇台
重火器…一一四〇門
航空機…三五〇機
艦艇…三隻

●エジプト
総兵員数…一九万人
予備兵力…一二万人
戦闘車輛…一四〇〇台
重火器…一四五〇門
航空機…四八〇機
艦艇…六隻

●シリア
総兵員数…八万人
予備兵力…三万人
戦闘車輛…五〇〇台
重火器…三九〇門
航空機…一四〇機
●イラク
総兵員数…七万人
戦闘車輛…三五〇台
航空機…七〇機
（両者の損害）
●シナイ半島方面
イスラエル…死者三〇〇人、負傷者一〇〇〇人、戦車六一台
エジプト……死傷者一万一五〇〇人、捕虜五五〇〇人、戦車七〇〇台、砲五〇〇門、車輛一万台
●ヨルダン河西岸方面
イスラエル…死者五五三人、負傷者二四〇〇人、戦車一一二台

ヨルダン……死者六九六人、負傷者四二一人、捕虜二〇〇〇人、戦車一七九台

●ゴラン高原方面

イスラエル…死者一二七人、負傷者六二五人、戦車一六〇台

シリア……死者六〇〇人、負傷者七〇〇人、捕虜五七〇人、戦車八六台

第三次中東戦争に参加した戦闘機

○イスラエル空軍

ダッソーMD450ウーラガン　四〇機

〃　452ミステールⅣA　五〇機

シュペール・ミステールB2　二〇機

ダッソー・ミラージュⅢCJ　七〇機

○エジプト空軍／シリア空軍

スホーイSu‐7フィッター　三〇機

ミコヤン・グレビッチMiG‐17フレスコ　一五〇機

〃　MiG‐19ファーマー　八〇機

〃　MiG‐21フィッシュベッド　一二〇機

○シリア空軍

ミコヤン・グレビッチMiG‐15／17　九〇機

ヨルダン、イラク空軍は略　MiG－21　四〇機

〟

第三次中東戦争はわずか六日間の戦争であり、結果から言えばイスラエルの圧勝に終わった。

アラブ側の航空機の大部分は、イスラエルの第一撃によって破壊されてしまい、互いに多数の戦闘機を有していたにもかかわらず、大規模な空中戦は発生しなかった。

両軍の主力戦闘機は言うまでもなく、

◯アラブ側

ミグMiG－17／19／21

◯イスラエル側

ダッソー・ミラージュⅢC

であった。

フランス製のミラージュはこの戦争から初めて本格的に登場し、その真価が問われたが、多くのソ連製戦闘機を撃墜し、高性能であることを実証した。

その半面、腕の良いイラク軍パイロットの操縦するMiG－21は、ミラージュにとっても恐ろしい敵であった。

たしかに数値的に見た場合

	推力重量比	翼面荷重	性能指数
ミラージュ	〇・六一	二九五	一二六
MiG－21	〇・七六	二一八	一八三

で、ミラージュはMiG－21に劣る。ただし信頼性の高さ、火器管制装置の優秀さで対等に戦うことができた。

また中東の戦争では、常にパイロットの技量の差が大きかった。アメリカ式の方式を取り入れながら、より実戦的な訓練を行なっているイスラエル空軍のパイロットは、エジプト、シリア、イラク、ヨルダンのそれよりははるかに多くの経験を持っていた。

訓練時間は五ないし一〇倍もイスラエル空軍が多く、それが実戦に当たって明瞭に現れたのであった。したがって両軍のパイロットがたとえ乗機を交換したとしても、イスラエル軍の勝利は堅かったに違いない。

ところでパイロットの操縦技術の差以外にもう一つ、イスラエル空軍の勝利の鍵が隠されていた。

それはエジプト、シリア両軍の主力戦闘機であった次の二機種を、あらかじめ入手していたことである。

一九六五年五月　MiG－17
一九六六年十一月　MiG－21

という具合に、アラブ人のパイロットが、それぞれの戦闘機に乗ってイスラエルに亡命していた。

またほかにもイスラエル空軍は砂漠に不時着したMiG－17を回収し、飛行可能な状況に復元し、仮想敵機として使ったのである。

戦争勃発数カ月前に、敵側の主力戦闘機を使用して空中戦の訓練をしていれば、その長所、弱点は十分に把握できる。したがって、最良の対抗手段をとることが可能なのであった。

この短かった戦争の空中戦においては、他にも注目すべき点が見られる。

それは旧式の戦闘機であっても、相手の油断やミスを厳しく突けば勝利が得られる、という事例である。

◯フランス製の旧式戦闘機ダッソー・ウーラガンが、エジプト空軍MiG－17二機を撃墜。

◯イラク空軍のホーカー・ハンター六機対ミラージュ八機の空中戦が行われ、それぞれ一機、三機が撃墜された。この空中戦は、レーダーを避けるため低空を飛行していたイスラエル機の編隊に、イラクのハンターが上空から襲いかかったものである。

奇襲されたミラージュは、性能的にはハンターよりもかなり有利であったにもかかわらず、大きな損害を出してしまった。

さて第三次中東戦争の航空戦の結果は、

◯アラブ側　四五一機を損失
　うち空中戦によるもの五八機
◯イスラエル側　四五機を損失
　うち空中戦によるもの一〇機
であった。
空中戦のみの損失を見ていくと、アラブ側で撃墜された航空機のなかには爆撃機も含まれている。
したがって戦闘機同士のACM（空中戦）に限れば、両軍の損失はアラブ側五〇〜五五機、イスラエル側一〇機、すなわちイスラエル空軍のキル・レシオは〝五・〇ないし五・五〟となる。
機種別では、ミラージュは、
MiG－17×　九機
〃　19×一二機
〃　21×一五機
Su－7×　五機
ハンター×　五機　　計四六機
を撃墜し、損害は六機とされている。
（キル・レシオは七・七）

アラブ側はこの戦争における航空戦の実態を研究し、空中戦でイスラエル空軍を圧倒することは難しいと悟った。

その結果、二つの戦略を新たに採用した。

◯一九六七年から七〇年にかけての、アラブ側のいうところの〝消耗を強いる戦い〟である。

これは絶え間なく不正規戦闘をイスラエルに対して行い、戦闘力を削減する。

◯次の戦争に備えて大量の対空ミサイルを用意し、それによってイスラエル空軍に打撃を与える。

これらの戦略はいずれも効果的で、次の第四次中東戦争の緒戦において、それまでの常勝イスラエル軍に少なからぬ衝撃を与えるのであった。

第5章　空中戦の実態／1970年代

第三次インド／パキスタン戦争（一九七一年十二月三日～十七日）

戦争の概要

一九六五年に起こった第二次インド／パキスタン（印パ）戦争直後の政治混乱によって、パキスタンではこれまで封殺されてきた東パキスタンの分離独立問題が一気に噴出した。

元来この国は、インドを挟んで遠く東西に二分された「エクスクラーフェン（分離）国家」であった。東西の国土は一五〇〇キロメートルも離れており、それぞれの土地に暮らす人たちの間に民族、言語の共通性はほとんどなかった。

「西」はアーリア・イラニアン系のパシュトーン人、シンド人でウルドゥー語を公用語としているのに対し、「東」はモンゴル・ドラビタ系ベンガル人で、ベンガル語が主流だった。宗教がイスラム教ということだけで、遠く離れた東西を一つの国家としたのが無理であったようで、独立当初から両者の間には、目に見えない確執が存在していた。

一九七〇年の総選挙のさい「東」出身のＡＬ（アワミ連盟・党首ラーマン）が第一党となり、「西」が牛耳る中央政府と真っ向から対立、東パキスタンを新国家バングラデシュとして独立を推し進めようとした。

西パキスタンのヤヒヤー大統領は執拗にAL党首ラーマンへの説得を試みるが失敗、ついに一九七一年三月議会開催を強権発動で一方的に独立を延期した。

これに怒ったラーマンは「東」全土でゼネストを発令、鎮圧に駆けつけた政府軍と各地で激しく衝突し、ついに内戦へと発展した。

政府軍内の「東」出身の将兵や現地の警察などが続々と反政府派（独立派）へと結集し、中心都市ダッカを拠点に無差別攻撃をくり返す政府軍に抵抗を続けていた。

しかし「西」政府軍の優勢は決定的で、四月末までには「東」のほぼ全域を制圧、AL指導部をはじめ八〇〇万人の東住民がインドへと逃れた。

大量難民の受け入れを座視できないインドは、その後公然とALのゲリラ活動を支援、十一月二十一日にはついに正規軍一二個師団、二〇万人の大兵力を「東」に侵攻させた。

一方守備側のパキスタン軍の規模は四個師団で、インド軍の破竹の猛攻に、その守備線をじりじりと下げる以外に手の打ちようがなかった。インド側は空軍力の大半を「東」戦域に投入し、劣勢なパキスタン空軍を圧倒、十二月までに制空権を確保した。

「東」を包囲すべく、四方向から一斉に侵入したインド軍は、まず東部国境からの進撃を早めた。

そして十二月五日までにメーグナ河まで到達、首都と港都チッタゴン間の連絡路を遮断する。このためメーグナ河以東に展開するパキスタン軍部隊は総崩れとなり、翌六日までにこの地域は制圧されてしまった。

東部地域を抑えた侵攻軍は次に西部からダッカを圧迫する作戦に転じ、主要拠点であるジェソールを陥落させる。

敗退をくり返すパキスタン軍守備隊は、一五〇〇キロも離れた「西」からの増援も期待できないまま、孤立無援の戦いを強いられた。残存部隊はダッカに立てこもり、最後の抵抗を試みようとしていた。

十日インド軍はダッカ北部でヘリを使った空挺作戦を行ない、この地で最終防御線を構える敵を蹴散らした。そして十四日までにダッカを完全に包囲し、守備隊に対し降伏を迫った。当初ダッカ死守の構えを見せていたパキスタン守備隊だったが、圧倒的な敵の兵力にその戦意も尽き、十六日無条件降伏せざるを得なかった。

この間、西パキスタンとインドとの国境でも、東部戦線での戦いを牽制するための大規模な戦闘が行われていた。

十二月五日「東」の攻略を確信したインドは、突如「西」南部地域へと兵を進め、パキスタンの中心であるパンジャブ地方と、商都でありまた最大の港を抱えるカラチとを結ぶ交通路を分断しようとした。

パキスタン側はカシミールで戦端を開き、停戦ラインを越えてインド管理地区へと侵攻した。

この作戦はインド側が「東」での戦闘に勢力を傾けている間に、独立以来懸案のカシミール地方を一気に自国のものとしようとすることが狙いだったようである。

しかし「東」の陥落が余りにも早く、インド側はすぐさま兵力を西部戦線へと移動させたため、この試みは失敗に終わった。

ダッカを手中に収めたインドは十六日、西部戦線での軍事活動を一斉に停止し、パ側に停戦を申し入れた。パ側も軍事的劣勢はいなめず、翌十七日停戦を受け入れた。

こうして東パキスタンは「西」との決別を確固たるものとし、「バングラデシュ」としての独立を果たした。

なおこの戦いにおける被害は、「東」だけで死者三〇万～一〇〇万人（ほとんどバングラデシュ系の民間人）、物的損害は一二億ドルに上ったとされている。また両軍の損害は、

◯インド
戦死一四二六人
行方不明二一四九人
負傷三六一一人
◯パキスタン
死傷者三三二六人

との記録が残っている。

（両軍の兵力）
●インド

陸軍
兵力八九万人
歩兵師団三二個
機甲師団一個
機甲旅団二個
海軍
兵力四〇万人
排水量九万トン
空母一隻、巡洋艦二隻など七九隻
空軍
兵力八万人
戦闘機四三〇機、爆撃、攻撃機三六〇機など一一八〇機

●パキスタン
陸軍
兵力三六万人
歩兵師団一二個
機甲師団二個
機甲旅団一個

海軍
兵力一万人
排水量四万トン
駆逐艦九隻など三七隻
空軍
兵力一万七〇〇〇人
戦闘機一四〇機、爆撃、攻撃機二六〇機など三九〇機

第三次インド／パキスタン戦争に参加した戦闘機

インド空軍
戦闘用航空機六三〇機　兵員八万名
◯戦闘機
ミコヤン・グレビッチMiG－21　一四〇機
ホーランド・ナット　一四〇機
ホーカー・ハンター　一二〇機
◯戦闘爆撃機
シュペール・ミステールⅣ　四〇機
ヒンダスタンHF24マルート　六〇機

スホーイSu－7B　一二〇機
計六二〇機

◯インド海軍・空母〈ビクランド〉
ホーカー・シーホーク　三〇機
ただし搭載機数は一八〜二〇機

パキスタン空軍
戦闘用航空機三〇〇機　兵員一万八〇〇〇名

◯戦闘機
ロッキードF－104スターファイター　一〇機
ダッソー・ミラージュⅢ　二〇機
中国F6（MiG－19）　七〇機

◯戦闘爆撃機
ノースアメリカンF－86Fセイバー　一三〇機
計二三〇機

ただしF－86Fセイバー二〇機は、東パキスタンに置かれていた。またF－86のうちの七割はカナダ製の機体である。戦闘機と戦闘爆撃機の任務分担は、必ずしも明確ではない。

この戦争は、第二次印パ戦争（一九六五年）の延長戦とも言うべきものであった。
そして、このさいインド空軍は旧ソ連から供与された新型機、
ミグMiG－21フィッシュベッド
スホーイSu－7Bフィッター
を大量に投入するが、これに対してパキスタンは旧来の、
ノースアメリカンF－86Fセイバー
で対抗するのである。
当時にあっては、インドと中国間の国境紛争が頻発しており、そのため、
インド／ソ連との結び付き強化
パキスタン／中国　〃
の関係となっていた。したがって軍用機についてもこの図式となり、パキスタン空軍は中国製のF6（MiG－19）の導入を急いでいた。
さて印パ両国の小競り合いは、三月から続いていたが、本格的な戦闘となったのは十二月三日から十七日までの二週間であった。
空中戦はパキスタン空軍のノースアメリカンF－86Fセイバーと、インド空軍のハンター、Su－7の間で多発している。
両軍の新鋭機（パ軍のF－104）、インドのMiG－21については、それほど活躍しなかっ

た。その理由はパイロットたちが、両機種の操縦に慣熟していなかったからとしか思えない。

いったん戦争となれば、もっとも稼働率の高いのは、やはり少々旧式であっても使い慣れている機種となる。

パキスタン空軍のサイドワインダーＡＡＭを搭載したＦ－86Ｆセイバーは、ハンター、Ｓｕ－７を相手に予想以上の戦果をおさめた。

これはもちろんセイバー自体の性能よりも、サイドワインダーの信頼性によるところが大であったと考えられる。

戦争の前半の空中戦の結果は、

パキスタン軍　二六機撃墜　損害二機

インド軍　一九機撃墜　損害六機

である。戦果の信頼性はともかく損害だけを比べた場合、パキスタン軍のキル・レシオ（撃墜率）は三となる。

この損害数はそれぞれの国が発表している数字であるから、空中戦ではパ軍が勝利をおさめたのであろう。

ただし地上戦闘は最初からインド軍有利のうちに進み、航空戦の勝敗はあまり関係しなかった。

東パキスタンはすでに内戦状態であり、そこへインドが大兵力で侵攻したため、独立派の勝利は決定的になる。そして最終的にはパキスタン軍の敗北、バングラデシュの建国へと繋がるのであった。

ところで航空機の専門家の間で注目を集めたのは、中国製のＦ６（殲撃《せんげき》六型）である。この戦闘機は前述のごとくＭｉＧ－19の中国版であるが、双発、軽量で、その性能と共に信頼性が取り沙汰されていた。

またＭｉＧ－19のデッドコピーではなく、各所にわずかながら中国独自の改良が加えられていた。

その実戦力が問われたが、Ｆ６はパキスタン軍にあってほぼ期待されたとおりの力を発揮した。

十二月十四日、Ｆ６がより高性能のＭｉＧ－21を撃墜したという事実によっても、この中国製戦闘機の実力がわかる。

一方、その二日前にはこれまた珍しくも、パキスタン空軍のロッキードＦ－104スターファイターとインド空軍のＭｉＧ－21の空中戦が発生し、後者の勝利が明らかになっている。

史上最初のマッハ二クラスの戦闘機
最後の有人戦闘機
といったキャッチフレーズで登場したＦ－104だが、どうも戦闘機同士のドッグ・ファイトは苦手といったところであろうか。

Ｆ－104の翼面荷重は四七〇キログラムを超えており、旋回性能は極端に悪い。

遠方からＡＡＭを使って攻撃を行うような場合にはそれはマイナスとはならないが、格闘戦となったらやはり不利は免れないようである。

ともかくほぼ同じ性格のＭｉＧ－21でさえ、翼面荷重は二二〇キロにすぎないのであった。

第三次印パ戦争の空中戦はパキスタン軍有利に進んでいたにもかかわらず、全体的な戦力に勝るインド軍の攻撃は一向に衰えなかった。

インド軍はパキスタン政府の混乱、国家の分裂を見逃さず、西部国境では対峙、東部国境では侵攻という二正面作戦を休むことなく続けている。

特に東パキスタンに対しては、小規模ながら戦車と航空機を組み合わせた〝雷撃戦〟まで実行した。

これにはインド国産の戦闘爆撃機ヒンダスタンＨＦ24マルートが多数参加し、それなりの活躍を見せている。しかし主として対空砲火により五機が失われた。

多数が参加していながら、評価が低かったのはＳｕ－7で、対空砲火にも強いとは言えず、また空戦性能もＦ6、ＨＦ24に劣ると判断されている。

ただしこの点については、すぐに改良が施され、Ｓｕ－17／22の誕生となった。

この戦争の航空戦に関する両軍の発表は、

◯インド空軍　撃墜九四機、損失五四機

◯パキスタン空軍　撃墜一〇六機、損失二五機（別の資料では四〇機）

となっている。

もちろんこのすべてが空中戦によるものではなく、対空火器による撃墜、損失も含まれているのは言うまでもない。
　また互いの飛行場攻撃による地上での破壊が、含まれているのかどうかはっきりせず、この確認が必要である。
　もしこれが含まれているのなら、空中戦のスケールはかなり小さかったことになる。
　たとえばインド軍はパキスタン空軍三六機を地上で破壊したと発表しているが、その一方
でパキスタン軍発表の航空機の全損失数が前述のとおり二五／四〇機なのである。
　こうなると真実はどうなのか全くわからず、混乱するばかりで、時間をかけて再調査する
以外に確かめるすべはない。
　結論としては、インド空軍の損失五四機、パキスタン軍のそれは二五／四〇機で、地上で
の損失はこれに含まれていないといったところであろうか。
　わずか二週間の戦争であったにもかかわらず、この航空戦の特徴は参加した戦闘機の種類
が異常に多かったことである。
◎インド空軍　六機種
ハンター、MiG－21、Su－7、ミステール、HF24、ナット
◎パキスタン空軍　四機種
F－86F、F－104、ミラージュ、F6
と戦闘機、戦闘爆撃機合わせて十機種も登場している。

また劣勢のパキスタン軍が善戦した最大の理由は、F-86Fセイバーのほとんど一機種で戦ったことによるようである。

旧式ながらサイドワインダーAAMを装備可能で、信頼性の高いセイバーは、パ空軍のミッション数の七二パーセントをこなし、六機種の戦闘機を混用するインド空軍に打撃を与えた。

この事実をあらゆる国の空軍は、決して忘れるべきではないと強調しておきたい。

第四次中東戦争（一九七三年十月六日～二十四日）

戦争の概要

一九六七年の六日間戦争で歴史的惨敗を味わったアラブ側は、屈辱を晴らすための全面戦争を企てる。これには第三次中東戦争に直接参加したエジプト、シリア、ヨルダン、イラクのほか、PLO（パレスチナ解放機構）も主役として参加、モロッコも兵を送った。

アラブ側は、イスラエル側が警戒の手を緩めるユダヤ教の休日、ヨムキプール（贖罪《しょくざい》の日）に当たる一九七三年十月六日を開戦の日に選んだ。

そして南部・西部（シナイ半島）、北部（ゴラン高原）、地中海沿岸、の三正面から一斉に攻撃を開始した。

突然の攻撃にイスラエル側は驚きを隠せなかった。南部戦線ではエジプト軍の大機甲部隊がスエズ運河を渡り、イスラエル軍が占拠するシナイ半島へと雪崩れ込もうとしていた。イスラエル軍は以前から巨大な対戦車用堤防「パーレブライン」を運河に沿って構築していたが、エジプト軍は強力な放水で堤防の土砂を流し去り、続々と戦車を突入させた。

イスラエル軍は戦車と攻撃機を前面に出し得意の戦術パターンで反撃を試みた。

しかし今回の敵はミサイルで固めており、イスラエル軍は初日だけで三〇機以上の攻撃機をSAM（地対空ミサイル）によって撃墜されている。また戦車も同様で、開戦後二四時間で全保有数の実に五％が、敵の歩兵部隊が放つATM（対戦車ミサイル）やRPG（携行型対戦車ロケット）の餌食になった。

これまで経験したことのなかった大量のミサイルの洗礼に、イスラエル側は動揺を隠せず、防戦するのがやっとだった。同軍の危険は十日頃まで続いたが、後方から続々と援軍が到着すると体勢を立て直して反撃をうかがった。そして十四日、半島中央部で敵機甲部隊に対して大戦車戦を挑み、ようやく勝利をものにする。

自信を取り戻したイスラエルは敵の不意を突く作戦を実行に移す。半島に展開する敵主力部隊をやり過ごし、スエズ運河北部の湿地帯から一気にエジプト領に攻め入った。

この作戦は成功し、形勢は逆転した。エジプト側は主力の第三軍がシナイで完全に孤立する形となり、さらに主要都市スエズさえも敵の手に落ちかねなかった。

こうして南部戦線は停戦までイスラエル軍の優勢が続いた。

一方ゴラン高原でも、シリア軍がイスラエル軍に戦車戦を挑んでいた。同軍はミサイルを少数しか保有しておらず、そのかわり当時最新式のソ連製T－62戦車二五〇台を前面に出し、総攻撃を開始した。

対するイスラエルの戦車は一七〇台で、性能的にもT－62より劣っていたが、いざ蓋をあけてみると、戦闘は個々の兵士の技量に秀でたイスラエル側に有利に進んだ。七日〜十日の戦車戦でシリア軍は多くの戦車を失い、もはや失地回復の夢も遠くなる。

それればかりか、逆に翌十一日にはガリリー（ガリレヤ）湖方面からイスラエルの新規の部隊（五個旅団）が進撃をはじめたのである。

シリア側はパープル・ラインと呼ばれる強固な防御戦を構築していたものの、首都ダマスカスまでは一六〇キロしかなく、前線での敗北はそのまま首都陥落の恐怖へと直結する。イスラエルはこの五個旅団でパープル・ラインを難なく突破し、敵の首都を攻略する構えを見せた。

しかしもともとその意志はなく、五日ほどの攻防戦のあと、シリア側の反撃がないことを確信して、これ以降は対エジプト戦に勢力を傾けた。

さて空や海でも両者が戦った。アラブ側は数の上からは圧倒的優位を保っていたが、旧式のソ連製戦闘機が主力であり、しかもパイロットの技量が未熟だったので、空中戦ではイスラエルの敵ではなかった。

地中海でも激しい海戦が展開され、特に十月六日の「ラタキア沖海戦」はミサイル時代の幕開けを象徴づけるものだった。

双方は艦対艦ミサイル（ＳＳＭ）を搭載した高速ミサイル艇をくり出して戦った。しかしイスラエル側の電子妨害技術が勝り、三〇分の間に出撃したシリア海軍艦艇五隻すべてが海の藻屑と化した。一方イスラエル艇三隻は全くの無傷だった。

開戦から二週間ほど経ち、イスラエル優勢のもとで戦線が膠着すると、国連安保理は停戦を促した。双方ともこの要請をすぐさま受け入れ、十月二十四日正式に戦いを終える。

この戦争は米ソの代理戦争という側面もあって、西側はイスラエルを、そして東側はアラブを強力に後押しした。

この局地紛争が世界に与えた衝撃は大きく、アラブ産油国は友邦を支援するため、石油の輸出量を大幅に減らし、価格を数倍に引き上げた。このため世界的に「石油ショック」が起こり、イスラエルに組みする西側は大きな経済的痛手を被った。

（両軍の兵力）

●イスラエル

総兵員数…一二万人
予備兵力…三〇万人
戦闘車輌…一七〇〇台
重火器…三三〇〇門
航空機…五〇〇機

艦艇…四隻

●アラブ側（モロッコ、PLOは除く）

総兵員数…六〇万人

予備兵力…九八万人

戦闘車輛…四四〇〇台

重火器…八八九〇台

航空機…一二三〇機

艦艇…一〇隻

（双方の損害）

●イスラエル

死者…七七二人

航空機…九四機

F－4×二七機、A－4×五二機、ミラージュ×八機、ミステール×五機

ヘリコプター×二機

戦闘車輛…二五〇台

●アラブ側

（エジプト）

死者…六三〇〇人
航空機…一七二機
MiG－21×六四機、その他二九機、ヘリコプター×二〇機（空中戦における損失のみ）
戦闘車輌…一一〇〇台
艦船…二九隻
（シリア）
死者…三四〇〇人
航空機…一五五機
MiG－21、Su－7合わせて一四〇機、その他九機
ヘリコプター×六機
戦闘車輌…九七〇台
艦船…二一隻
（イラク）
死者…二一〇〇人
航空機…一八機
MiG－21、ホーカー・ハンター合わせて二一機
戦闘車輌…一一〇台
（ヨルダン）

死者…二七〇人
航空機…一八機
ホーカー・ハンター×六機、その他ヘリコプターを含めて一二機
戦闘車輛…五〇台
（モロッコ、PLOは不明）

第四次中東戦争に参加した戦闘機

◯イスラエル空軍
ダッソー・ミラージュⅢC　三五機
マクダネル・ダグラスF-4ファントムⅡ　一一五機
他に戦闘爆撃機として
ダグラスA-4スカイホーク　一六〇機
IAI・ネシェル　四〇機
計　三五〇機

◆◆注　IAI・ネシェルは、ミラージュⅣのイスラエル版である。
ウーラガン×一五機はすべて地上攻撃機に転換。

◯エジプト空軍
ミコヤン・グレビッチMiG-21　二一〇機

他に戦闘爆撃機、地上攻撃機として
ミコヤン・グレビッチMiG－17　一一〇機
スホーイSu－7B　八〇機
計　四〇〇機

○シリア空軍
ミコヤン・グレビッチMiG－21　二〇〇機
〃　MiG－17　八〇機
他に戦闘爆撃機として
スホーイSu－7B　三〇機
計　三一〇機

第二次、第三次中東戦争で常に圧倒されていたアラブ軍は、今回の戦争では一時的ながらイスラエルを苦しめた。

特にシナイ半島の戦いにおいては濃密な対空ミサイル網が効果的で、イ軍のF－4ファントム、A－4スカイホークは甚大な損害を被っている。

しかし空中戦となるとやはりイスラエル空軍の戦闘能力はアラブのそれをはるかに上まわっており、これは前二回の戦争の場合となんら変わっていない。

イスラエル、エジプト、シリア、イラク、ヨルダンの軍用機の損失は、すでに掲げたとお

りであるが、それはあくまで、
㈠対空ミサイル
㈡対空火器
㈢戦闘機
㈣事故、故障、誤射
による総数となっている。
したがってそれぞれの空軍が空中戦によってどれだけの航空機を失ったのかは、不明のままである。
アメリカ、イギリスの情報機関は戦争が終わって六カ月後にこの問題を調査し、その結果を公表している。
それによると、
㈠イスラエル空軍については、空中戦で失われた機数は全体の一〇パーセント
（のちにイスラエル空軍は四機のみと発表）
㈡アラブ側については、全体の四ないし五割
である。これを先の損害に重ね合わせてみると、空中戦による損失は、
イスラエル空軍　一〇機前後
エジプト　〃　四〇機〃
シリア　〃　六〇機〃

イラク　〃　一〇機〃
ヨルダン〃　一〇機〃

と推測される。

この数値から算出されるイスラエル空軍のキル・レシオは一二であり、これはかなり精度の高いものと言えそうである。

空中戦においてイスラエル空軍が圧勝したことは事実であるが、その戦果発表（損害四機、撃墜二八〇機、キル・レシオ七〇）はにわかに信じ難い。

エジプト、シリア空軍が公表したガン・カメラのフィルムによっても、七機のイスラエル機撃墜のシーンが認められるのである。

その半面、アラブの主力となっているエジプト軍が、大量の対空ミサイル（SA－6など）、また対空火器（ZSU23×4対空砲車など）を揃えたのは、自軍の空軍の制空能力に不安を持っていたからにほかならない。

戦闘は自国の領土のすぐ目の前のシナイ半島（もともとエジプト領）で行われることが、あらかじめわかっていたにもかかわらず、エジプト空軍はイスラエル軍機の攻撃を阻止できないと予想していたのであった。

この第四次中東戦争の航空戦におけるもう一つの解析は、

○アラブ側のソ連製航空機
○イスラエル側のアメリカ、フランス製航空機の性能、運用効率に関するものである。

イスラエルのF－4ファントム、A－4スカイホーク、ミラージュⅢC

アラブのMiG－21、Su－7

が空中戦の主役であったが、前述のごとくイスラエル側の勝利に終わった。

これが機材の性能にあったのか、それともパイロットの技量によるものなのか、各国の空軍はその実態を知りたがった。

もちろんアメリカ、フランス政府と航空機メーカーは、イスラエルの操縦士の技術を賛えながらも、戦闘機の性能によるところが大であると言う。

しかしイスラエル空軍は、スホーイSu－7は性能的に劣るものの、MiG－21についてはF－4、ミラージュに十分太刀打ちでき、結局パイロットの優秀さが勝敗を決定したと述べている。

たしかに、

○戦場となる空域が狭く

○基地と戦場の間の距離が短い

○その空域で多数の戦闘機が入り乱れて戦う

といった条件下での空中戦となると、フィッシュベッドの欠点でもある航続力、レーダー機器の能力不足は表われにくく、その力を発揮しやすい。

かえって大型のF－4は小まわりがきかず、扱いにくかったと思われる。そしてダッソー

・ミラージュⅢは、この中間的な存在であって、能力を十分に活かせたはずである。
イスラエル空軍はこの教訓をすぐに取り入れた。
戦闘爆撃機としてF－4ファントムの後継機に、同じタイプの
マクダネル・ダグラスF－15イーグル
ミラージュⅢの後継機としては軽戦闘機タイプの
ジェネラル・ダイナミックスF－16ファイティングファルコン
を購入したのである。
一方、アラブ側の主力はこれ以後もミグMiG－21であるから、それにF－16を差し向ければ勝利は確実となる。
その結果は一九八二年のレバノン侵攻のさい明確に表れ、イスラエル空軍のF－15とF－16は、シリアのMiG－21／23のペアに壊滅的な打撃を与えるのであった。

第6章　空中戦の実態／1980年代

イラン／イラク戦争（一九八〇年九月～八八年七月）

戦争の概要

一九七九年のイスラム革命で、これまで中東の軍事大国を自負していたイランのパーレビ王朝は崩壊した。

隣国のイラクは、この混乱をチャンスとしてとらえた。当時イラクのフセイン政権はさまざまな問題を抱え、対策に苦慮していた。反体制色を強める国内のシーア派が隣国の革命によって勢いをつけ、北部ではクルド人が抵抗を続けている。

さらに両国の間を流れるシャットル・アラブ河の航行権や、河口に散在する砂州の領有権に関する問題が以前から紛糾していたのである。

フセイン大統領は混乱に乗じてイランに侵攻し、これらの問題を一気に解決し、さらには新しい湾岸の覇者として君臨しようとの野望を抱き、対イラン戦という危険な賭けに打って出た。

一九八〇年九月二十三日、イラク軍は、

北部……カスルエシリン

中部……メヘラン
南部……ホラムシャハル、アバダン
の三方面から総計二〇万人の兵力で国境を越えた。

急襲を受けたイラン側は、革命の余波による軍事組織の弱体化で対応が遅れ、組織的反攻はままならず、苦戦を強いられた。

装備で勝るイラク軍は、ほぼ一カ月で全戦線を国境から二〇キロほどイラン側へ押しやり、最初の攻略目標をすべて手中に収めた。これ以降、同軍の進撃は止まり、そこに居座るべく戦力を増強しはじめる。

一方イラン側は体勢を立て直すのに躍起となる。これまで反革命分子として逮捕していた国軍将校らを釈放して現場に復帰させたり、兵力の穴を埋めるために「革命防衛隊（パスダラン）」を新設、経験未熟な若者を続々と集結させ、「聖戦（ジハード）」の名によって戦地に送り込んだ。

こうした努力の甲斐あってか、一九八一年二月からイラン軍の本格的な反撃がはじまる。特に南部戦線のアバダン、ホラムシャハルを巡る攻防戦は熾烈を極めた。

イラン軍は旧パーレビ政権が買いあさったアメリカ製兵器を続々使用可能な状態にもどし、南部に集中させた。特に二〇〇機にも及ぶAH－1コブラ攻撃ヘリは、敵の機甲部隊の撃破に威力を発揮し、またM－48、60も、イラク軍が主力であるソ連製T－62戦車を容易に撃破した。

しかしなかでもイラク側を驚かせたのは、革命防衛隊員による突撃だった。若い兵士たちは機銃掃射を受けながらも次々と前面に横たわる地雷原に行進し、自らを犠牲にして道を開いていったのだった。

フセインの予想に反してイラン側の戦力回復は早く、パーレビ時代に備蓄していた豊富な武器弾薬と自慢の人海戦術で南部戦線で攻勢に移り、九月にアバダン、そして翌八二年五月にはホラムシャハルを奪還した。

勢いに乗ったイランはその余勢を駆って、一九八二年七月から総攻撃に移り、この時点で攻守は全く逆転する。戦闘は依然としてシャットル・アラブ河下流域で激しく、ほかの中部、北部両戦線では比較的緩慢だった。この状況はほぼ戦争全般を通じて言えることである。

この南の地域は両国の石油関連施設が集中する場所でもあり、双方とも相手の経済に打撃を与えようと、これらの破壊に躍起となった。

次にイラン軍はイラク南部のバスラ攻略を目指した。人口八〇万人の大都市バスラは、イラクにとってはペルシャ湾に面した数少ない港湾都市でもあった。しかも南部の重要拠点であり、ここを敵に占領されれば、自国軍の士気に相当な悪影響が出る。

当然イラン軍は同市の攻略に精力を注ぎ込む。第一線兵力の実に二〇％、六万人を南部戦線に集中、戦車二〇〇台、重砲三〇〇門を投入し、連日連夜猛烈な砲撃と突撃をくり返した。

しかしイラク軍もここに投入可能な限りの兵力を張りつかせ、犠牲を省みない敵の攻撃に対抗していた。バスラ前面には人口湖「フイッシュ・レイク」を造り、その後方には幾重もの地雷原や塹壕、戦車障害物を配していた。しかも周辺は葦の生い茂る湿地帯で、防御側に非常に有利だった。

第一次バスラ攻撃（バルファジ作戦）が惨めな敗北に帰すると、イラン側は戦力を充足したのち、一九八四年二月から再びバスラ総攻撃を開始した。この第二次攻撃でも結局イラン軍は敵の鉄壁の防御を崩すことはできず、ただ死傷者が続出するだけだったが、それでも一九八六年二月までに油田地帯のマジヌーン島やファオ半島の占領には成功している。

ペルシャ湾でも両国の熾烈な戦いが演じられていた。

これはいわゆる「タンカー戦争」と呼ばれるもので、相手側の経済にダメージを与えようと、双方がタンカーつぶしに躍起となったのである。

両国とも世界屈指の産油国であり、また国家財政のほとんどはこの地下からの恵みによって支えられていた。そのため敵の継戦能力を減衰させようと、相手国の原油を輸送するタンカーに対して、執拗にミサイル、機雷による攻撃をくり返した。

この通商破壊は一九八四年頃から活発化し、一九八八年の停戦までに五四六隻にも上る船舶が被害を被り、乗組員三三三人が死亡し、三一七人が負傷している。

オイル・ルートの安全を確保するため、米英はペルシャ湾に艦艇を派遣し、タンカーの護衛を行ったが、戦域での哨戒はしばしば思わぬ惨劇を引き起こした。

一九八四年五月十七日、カタール沖を遊弋《ゆうよく》するアメリカ海軍のミサイル・フリゲート艦〈スターク〉がイラク空軍機のミサイルによる誤射で大破、六〇人近い死傷者を出した。イラクにとってアメリカはどちらかといえば味方であり、フセインはショックを隠しきれなかった。彼はすぐさま謝罪し、多額の補償金支払いに応じている。

〈スターク〉ショックが覚めやらぬ七月三日、再び誤射事件が発生した。今度はアメリカの最新鋭イージス艦〈ビンセンズ〉が、民間のイラン航空機を敵戦闘機と誤認して、ミサイルで撃墜、乗員・乗客二九〇人全員が死亡した。

警戒中とはいえ最新電子機器を満載したハイテク艦が、戦闘機と民間旅客機を見間違え、非戦闘員多数を殺害したという事実にアメリカ側の衝撃は相当のもので、ただちにイランに対して弔意を表し、損害賠償にも応じている。

一九八五年に入ると各線戦とも膠着状態に陥り、消耗戦の様相を呈していく。状況を少しでも打開しようと、両者はタンカー攻撃を強化していった。またイラク軍はペルシャ湾に浮かぶイラン屈指の石油積み出し基地カーグ島への空爆も実施した。

この年は戦術地対地ミサイルを使った攻撃が開始された年でもあった。イラクはテヘランへ、またイランはバグダッドへと、互いに相手の首都にめがけてミサイルを撃ち込んだ。両者とも使用したミサイルは、ソ連製のスカッドB型で、イラクは二〇〇～二五〇発、イランは百発を発射した。しかしいずれも一トン以下の通常弾頭で、軍事的意味はあまりなく、むしろ「首都を狙える」という相手側への心理的効果を期待したものといえる。

さて一九八七年一月、イランは三たびバスラ総攻撃を試みる。このときには、国際的な武器禁輸措置に苦しみながらも、さまざまな手を使ってかき集めたスペア部品で稼働可能となったアメリカ製F－4ファントム戦闘機を数十機を出撃させ、イラク軍の陣地に空爆を実施している。

しかし一九八七年に入ると、イラン軍の戦力に衰退の色が見えはじめた。西側諸国の禁輸措置が徐々に効きはじめ、高性能の装備が入手できないばかりか、パーレビ時代に買い揃え、今やイラン軍の数少ない西側製武器の部品さえも底を尽き、稼働率が急激に悪化したためである。

イランは中国や北朝鮮（朝鮮民主主義人民共和国）などから武器を調達して急場をしのいだが、戦力低下を食い止めることはできなかった。

一方イラク側は湾岸のアラブ産油国から潤沢な資金援助を受け、また欧米諸国からそれを元手に武器を買い漁り続けた。

一九八八年になると両軍の戦力差は、はっきりと数字となって表われる。特に戦闘車輌数はイランの戦車一〇〇〇台、装甲車三五〇台に比べ、イラクは戦車四五〇〇台、装甲車四〇〇〇台と実に六倍の開きがあった。

兵員動員数においては人口の多いイランが優勢ではあるものの、膨大な近代兵器で重武装するイラク軍と真っ向から激突するだけの体力はもはやなかった。

この時期になると再びイラク側の攻撃がはじまり、イランが多数の犠牲を払って手にしたファオ半島、メヘラン、マジヌーン島などの拠点が七月までに次々と奪取されていった。

このまま戦争を継続した場合、ホメイニのイスラム体制すら危うくなると悟ったイラン指導部は、断腸の思いで一九八八年七月十八日、国連が要請し続けていた停戦案を受け入れた、またその後イラク側も受諾に応じている。こうして二十三日に全戦線で砲声がやみ、八年間続いた戦争は幕を閉じた。

犠牲者の数を見る限りでは、この戦争はイラク側の勝利と言えるかも知れない。しかし八年にわたる戦争でイラクが得たものは、国境地帯のわずかなイラン領土だけであり、それを除けば開戦以前と両国を分かつ国境にほとんど変化がなかった。

ただ自ら「イスラム革命の防波堤」として宿敵ペルシャと戦ったという業績は、中東の覇者をもくろむフセインにとっては有意義だったかもしれない。しかしこの野望も数年後に自ら起こした湾岸戦争でついえるのであった。

（両国の戦力……開戦時）

●イラン

総兵力……二四万人

予備役……四〇万人

（陸軍）

兵力……一五万人

機甲師団……四個

歩兵師団……四個

歩兵、空挺、特殊戦旅団……各一個
戦車……一三六〇台
軽戦車……二五〇台
装甲車……八三〇台
牽引式重砲……約一〇〇〇門
自走砲……五〇〇台
各種高射砲……一八〇〇門
攻撃ヘリ……約二〇〇機
輸送・偵察ヘリ……四六〇機
（海軍）
兵力……二万人（他に海兵大隊三個）
駆逐艦……二隻
フリゲート艦……四隻
ミサイル艇……九隻
砲艦……七隻
戦闘用ホバークラフト……一四隻
（空軍）
兵力……七万人

戦闘用航空機……四五〇機
F－4ファントム……二〇〇機
F－5タイガー……一七〇機
F－14トムキャット……八〇機
偵察機……三六機
輸送機……八〇機
各種ヘリ……八〇機
（革命防衛隊／パスダラン）
兵力……一〇万人

●イラク
総兵力……二〇万人
予備役……二五万人
（陸軍）
兵力……一五万五〇〇〇人
機甲師団……四個
機械化師団……二個
歩兵師団……四個
特殊旅団……三個

戦車……三〇〇台
軽戦車……二〇〇台
装甲車……二五〇〇台
牽引式重砲……約一二〇〇門
自走砲……二五〇台
各種高射砲…… 一二〇〇門
（海軍）
兵力……五〇〇〇人
ミサイル艇……一四隻
哨戒艇……一五隻
旧式魚雷艇……一二隻
（空軍）
兵力……四万人
戦闘用航空機……四〇〇機
ミグMiG-23……八〇機
スホーイSu-7……一二〇機
ホーカー・ハンター……三〇機
ミラージュ……三六機

ミグＭｉＧ－21……一二〇機
輸送機……五〇機
各種ヘリ……一五〇機
（人民軍）
兵力……七万五〇〇〇人

（両国の損害）

●イラン
戦死……一五～一八万人
行方不明者……五〇～六〇万人
捕虜……五～六万人
戦車……一五〇〇～一七〇〇台
装甲車……八〇〇～一〇〇〇台
重砲……三〇〇～四〇〇門
航空機……三五〇機
物質的損害……一〇〇〇～一四〇〇億ドル

●イラク
戦死者……八～一〇万人

負傷者……二〇～二五万人
捕虜……三万五〇〇〇人
戦車……一七〇〇～一九〇〇台
装甲車……一〇〇〇～一一〇〇台
重砲……五〇〇～六〇〇門
航空機……三五〇～四〇〇機
物質的損害……七六〇～九九〇億ドル

イラン／イラク戦争に参加した戦闘機

○イラン空軍
マクダネル・ダグラスF－4ファントム　二〇〇機
ノースロップF－5タイガー　一七〇機
グラマンF－14トムキャット　八〇機
計四五〇機

注、革命後の混乱により、飛行可能なものは二〇パーセント程度であった。特に最新鋭のF－14については、飛べる機体は十機にすぎなかった

○イラク空軍
ミコヤン・グレビッチMiG－21　一二〇機

ホーカー・ハンター　　〃　　ＭｉＧ－23　八〇機
ダッソー・ミラージュⅢ　　　　　　　　三〇機
その他、戦闘爆撃機として、　　　　　　三〇機
スホーイSu－7Bフィッター　　　　　　一二〇機
〃　Su－20　〃　　　　　　　　　　　　四〇機
　　　　　　　　　　　　　　　　　　計四二〇機

一九八〇年九月から七年十一カ月にわたって続いたイランとイラクの戦争は、きわめて不可思議な戦争であった。

現代の戦争には珍しい〝総戦力〟でありながら、戦線は国境のシャットル・アラブ河（一部にユーフラテス河）をはさんで、ほぼ五〇キロの幅に限定されていた。

時折、互いの首都に対して空爆、ミサイル攻撃を仕掛けはするが、その規模は小さい。つまり国境をはさむ両側五〇キロのベルトの中で、消耗戦がいつまでも続くという形の戦争であった。

また戦っている両国が、
イラン　ペルシャ
イラク　アラブ

であるから、言語からいって戦争の状況が欧米および日本に伝わりにくい。

アメリカ、イギリス、フランスの報道機関さえ、その実態を十分に把握するのは難しかった。

戦争終結から十年近い歳月がすぎようとしている現在でも、イラン／イラク戦争についてはわからない部分が多々見られる。

そのうえ、イスラム諸国は情報の公開という慣習を持っておらず、戦況は外部に洩れないのである。

したがってここに記す事柄についても、他の戦争、紛争と違って確証がないむね、あらかじめお断りしておきたい。

両国がまともな状態で戦争となれば、国土、人口、経済力から言ってイランの勝利は確実であった。

イラン　面積　一六五万平方キロ　人口三八〇〇万人
イラク　〃　四四万　〃　〃　一三〇〇万人

と、両国の差は大きい。

しかしイランはイスラム革命（一九七九年十二月）により、親西欧的な政権が倒れ、国内は混乱の極みにあった。また、イスラム教徒の中でも権力闘争が起こり、イラン軍自体の存在さえ危ぶまれた。

イラクはそこを狙って開戦に踏み切り、緒戦では勝利を勝ちとるのである。

イラン空軍はアメリカ製の航空機をそろえ、特に八〇機のF－14トムキャットは最強の戦力であった。しかし前述の革命により、多数のパイロットが追放され、ほとんど飛行できないような状況にあった。

四〇〇機を超す戦闘機の大部分も整備不良で、稼働率は二〇パーセントを割っていた。

一方、イラク空軍はソ連製の戦闘機、戦闘爆撃機を中心とし、これまた約四〇〇機の戦力である。

開戦後これらの航空機はテヘランを襲い、イラン軍地上部隊を攻撃したが、これに対して同軍はほとんど迎撃できなかった。

少なくとも最初の三ヵ月間、戦場の上空に姿を見せるのはイラク機ばかりであった。

のちに運用が比較的容易な軽戦闘機F－5タイガーがイラン軍によって少しずつ投入され、イラク軍の補給部隊を攻撃するようになる。

自国で航空機を生産できないいわゆる〝中進国〟にとっては、F－4ファントム、F－14トムキャットいった大型戦闘機より、F－5、MiG－21フィッシュベッドといった小型の簡易型（？）戦闘機の方がはるかに使いやすかったのである。

また両空軍とも戦闘支援のための空中指揮管制機を持っていなかったので、この点からも複雑なシステムを持つ戦闘機は使いづらかった。

戦争は一四〇〇キロの戦線全域にわたってダラダラと続く。両軍とも一度として決定的な勝利を獲得できず、人的損害のみが増えていった。

この状況を日本のマスコミは〝イライラ戦争〟と揶揄《やゆ》したが、その表現の是非は別にして実状をうまく表している。

パイロットの技量が低かったのが最大の理由とも思えるが、戦争においての空中戦は皆無に近かった。互いの戦闘機はほとんど対地攻撃に使われ、制空任務は存在しなかったようである。

イラン／イラク戦争終了後、二年半後の湾岸戦争においても、イラク空軍戦闘機は一度として空中戦の勝利を得ていない。

両空軍とも対地攻撃は可能でも、空対空の本格的な戦闘（ACM）は技術的に無理であった。

戦争の状況は、

イラン……人的資源をもとに徹底的な人海戦術。正規軍とは別に革命防衛隊を大量に動員

イラク……オイルマネーにより多くの兵器を購入し、これを活用

といった具合に進んだ。

両軍とも犠牲を省みず、敵地の占領を狙い、主として南部戦線で死闘を演じた。

航空戦の主役は攻撃ヘリコプターで、イラン軍のベルAH－1コブラ×二〇〇機とイラク軍のミルM24ハインド×四〇機が互いの地上部隊を襲った。

空軍機はこれを支援する形で出撃し、

イラン空軍　四万四〇〇〇ソーティ
イラク　〃　七万二〇〇〇　〃
（イギリスの資料による）

の作戦を行っている。「ソーティ」は軍用機一機が一回出撃することを示す。したがって延べ出撃数と同様である。

四万四〇〇〇回／七万二〇〇〇回という数字はいかにも大きく感じられるが、戦争が丸八年（三三〇〇日）続いたことから考えると、決して多くはない。

イラン空軍　一日当たり一三回（一三機）
イラク　〃　二二回（二二機）

にすぎず、その上戦線の距離は一四〇〇キロもあるから、地上の将兵はほとんど頭上に航空機を見る機会はなかったと思われる。

このソーティ数についての算定基準もはっきりしない。なぜなら、攻撃ヘリ部隊は、イランの場合陸軍に、イラクは空軍に属しているからである。

厳密に言えば、イランのソーティ数には回転翼航空機の分を含み、イラクは固定翼機のみとなろう。しかしそうなるとイランの数があまりに少なすぎ、疑問は残る。

戦争さなかの一九八六年秋に伝えられたところによると、イランの戦闘機戦力はF－4×二〇機、F－5×二〇機、F－14×一〇機にまで落ち込んでしまったとのことであった。

一方、イラクも稼働率の低下に悩まされ、中国からF6（MiG－19の中国版）を購入したにもかかわらず、戦力は一二〇機程度であった。
そして両軍ともこれ以上の損失を恐れて、出撃を見合わせるようになる。
結局、戦争は八年続き、開戦時とほとんど変わらぬ状況下で停戦となった。
死傷者は両軍合わせて約一〇〇万人、そのうちイラン軍が三分の二以上を占めている。
航空機の損害はイラン軍三〇〇機、イラク軍三五〇機前後と見られる。

この戦争の航空戦の概要としては、

一、イラン軍　アメリカ製
　イラク軍　旧ソ連製
　の軍用機を多用した。
二、本格的な航空戦、特に空中戦は一度として行なわれなかった
三、固定翼機のほとんどは対地攻撃に投入されたが、特筆すべき戦果はなかった
四、攻撃ヘリコプターは大いに活躍し、地上部隊に少なからぬ打撃を与えた。
五、両軍の整備能力、部品のストックの不足から、固定翼軍用機の稼働率は極めて低かった

といった事柄が挙げられる。
　戦争は、仕掛けたイラク側に多少有利なうちに終わり、その後同国のフセイン大統領は中東における勢力拡大に奔走する。そしてクウェートをめぐって欧米諸国との対立に至るのであった。

シドラ湾をめぐる紛争（一九八一年八月十九日）

紛争の概要と参加した戦闘機

◎アメリカ海軍
グラマンF－14トムキャット　二機
◎リビア空軍
スホーイSu－22　二機

一九八〇年代に入ると間もなくスケールこそ大きくないが、航空史に残る空中戦がアメリカ海軍とリビア空軍の間で発生している。

カダフィ大佐率いるリビア政府が、地中海南岸のシドラ湾一帯の領有を宣言、一切の立ち入りを禁止した。

これに反発したアメリカ政府は空母〈ニミッツ〉と〈フォレスタル〉を派遣し、対決の姿勢を明らかにする。

二隻の空母から発進したF－14の編隊がCAP（空中戦闘哨戒）任務につき、リビアの出方をうかがった。

カダフィ大佐はこれを黙視せず、二機のスホーイSu－22フィッター戦闘爆撃機を送り込んできた。

グラマンF-14トムキャットのVG可変翼

低速時（主翼を最も展開させた状態）

高速時（主翼を最も後退させた状態）

リビア側の機種についてはSu－17とする資料もあり、はっきりしない。しかし、

スホーイSu－7フィッターA
Su－17　〃　C
Su－17M　〃　D
Su－20　〃　C（Su－17と同じ）
Su－22　〃　F

はほとんど同型であり、専門家以外は区別はつかない。

従ってここではSu－22として話を進めよう。

迎撃してきたSu－22の二機が、八月十九日早朝、F－14の二機編隊に対してアトールAAM一発を発射した。

緊急操作でこのミサイルを回避したトムキャットは、すぐにAIM－9Lサイドワインダーで反撃した。

二機のトムキャットはあらかじめ空中戦になる可能性が高いことを知らされていたので、対応は迅速であった。

発射された三発のサイドワインダーは、「毒蛇」の名のごとくSu－22に襲いかかり、瞬時にして二機に命中した。空戦開始から三分、二機のSu－22は火の玉となって地中海上に落下していった。

これがF－14トムキャット初の本格的実戦参加となる。

二機のF－14と同じく二機のSu－22が戦っただけの小規模な空中戦ではあったが、専門家はこのACM（空中戦）に注目した。

これは戦いに参加した二種の戦闘機が共に〝可変翼〟を装着していたからである。

低速では大きく主翼を広げ揚力を増大させ、高速では後退角によって、抵抗を減少させる可変翼システムは、一九六〇年代からいくつかの戦闘機に取り入れられてきた。

主なものだけを見ても、

ジェネラル・ダイナミックスF－111
グラマンF－14トムキャット
スホーイSuフィッター・シリーズ
ミコヤンMiG－23／27フロッガー
パナビア・トーネード

などが存在する。

可変翼システムは空気力学上はたしかに有利ではあるが、その一方で構造が複雑になり重量、価格の増大をも招き、この兼ね合いに設計者は頭を悩ませることになる。

一時流行（？）した可変翼も、最近の戦闘機には使われなくなっている。

さて史上最初の可変翼戦闘機同士の対決は、短時間のうちに米海軍の勝利に終わった。

のちにリビア政府は、

「自軍の損害なしにF－14一機を撃墜した」と発表しているが、これは自国民向けの宣伝以外のなにものでもない。

アメリカ海軍航空部隊はベトナム戦争で腕を磨き、それを実戦で試す機会を狙っていたようである。

そこへカダフィ大佐の理不尽な領海宣言が出て、さっそく出動となったのであろう。

この〝シドラ湾〟事件に当たってアメリカ海軍は十分な準備を整え、対応している。

F－14のACM（空中戦）のさいには
グラマンE－2ホークアイ空中警戒機
に加えて、二隻のミサイル巡洋艦によるレーダー管制も実施した。

これに対してリビアはSu－22を安易に出撃させ、二機とも撃墜されてしまった。

このため可変翼機の戦いは簡単に終わってしまい、詳細な検討を行うにはデータがあまりに少ない。

しかしその後の紛争を見ても、アラブ／イスラム諸国の空軍は、高性能戦闘機を駆使するだけの能力を持ち合わせていないようである。

フォークランド／マルビナス紛争

（一九八二年三月十九日～六月十五日）

戦争の概要

南米大陸南部沖合に点在する英領フォークランド（マルビナス）諸島をめぐっては、以前からイギリスとアルゼンチンが領有権をめぐり対立していた。

アルゼンチンのガルチエリ大統領は、経済不振でうっ積する国民の不満を解消するために、あるいは周辺海域の豊富な漁業、石油資源の獲得のために、一九八二年三月、島の武力奪取を試みた。彼は、イギリスの反撃などありえないし、また行われたとしても距離を考えればアルゼンチン側が圧倒的に有利である、と考えていた。

フォークランドはイギリス本土から一万二〇〇〇キロも離れており、しかも南半球はこれから冬に入る。南極に近いこの海域は荒れ狂い、海軍の作戦は困難を極める。またイギリスは国防費削減のため数年前に通常型空母を手放しており、海外派兵能力は著しく低下していた。

アルゼンチンの侵攻軍計一万五三〇〇人は一九八二年三月十九日、フォークランドに上陸を開始、駐留イギリス軍の数百人の抵抗を短時間のうちに排除し、四月二日全島を支配下に置いた。

これに対してイギリスは実力で島を奪回することを決意、四月五日二隻の軽空母を含む艦艇二五隻、海兵隊三〇〇〇人を乗せた輸送艦九隻からなる艦隊を、第一陣として派遣した。イギリス本土からフォークランドまでの長い航程の中で、中継地点といえばほぼ中間に位置する英領アセンション島だけであり、今後この島が前線基地となるわけだが、明らかにイギリス側が不利だった。

二十五日までに周辺海域に到着したイギリス艦隊は、まず本島から離れた南ジョージア島の奪回を開始、アルゼンチン軍と小規模な戦闘を交わしたのち難なく島を制圧した。

五月一日フォークランド諸島を射程距離内においた英艦隊は、軽空母から垂直離着陸戦闘機（ＶＴＯＬ）ハリアーを発進させ、島内に展開する侵攻軍を攻撃した。またこの作戦を支援するため艦砲射撃も実施する。

イギリス側は、アルゼンチン海軍を牽制するため、原子力潜水艦まで南大西洋に派遣した。そして翌二日には原潜〈コンカラー〉が、巡洋艦〈ヘネラル・ベルグラーノ〉を雷撃で撃沈している。この際乗組員三六八人が犠牲となり、これ以降アルゼンチン海軍の艦艇はまったくと言っていいほど沈黙してしまった。

イギリス側はこうして制海権を握ったものの、艦隊の対空防御は明らかに手薄であり、一方アルゼンチン側はイギリス側の出血を強いるため、この攻撃に精力をそそぎ込んだ。四日、シュペール・エタンダール攻撃機が飛び立ち、フランス製の空対艦ミサイル（ＡＳＭ）で英駆逐艦〈シェフィールド〉を攻撃した。最新鋭の艦はミサイルの一撃で大破し、のち沈没、多数の犠牲者を出した。

その後もアルゼンチンの航空攻撃は波状的に続けられ、イギリス側は戦争の全期間を通じて沈没七隻、損傷四隻の被害を被っている。

二十一日英海兵隊二五〇〇人が上陸を開始、島の拠点であるポート・ダーウィン、グースグリーンを目指した。アルゼンチン側は本土からはるばる攻撃機を飛来させて上陸阻止を試みるが、イギリス軍のハリアー戦闘機の迎撃に阻まれ苦戦した。

垂直離着陸を行う英空軍のハリアー

五月末頃から、英海兵隊と守備するアルゼンチン軍との地上戦が本格化する。数的にはまだ守備側が優勢だったが、補給路を絶たれたアルゼンチン側はじりじりと後退を続ける。

六月に入るとイギリス軍上陸部隊の規模は、陸軍部隊の本格投入に伴ってみるみるうちに増強され、ほぼアルゼンチン軍と互角の勢力にまで達し、首都ポートスタンリーを目指して進撃速度を速めた。

守備するアルゼンチン側は荒涼とした土地に強固な陣地を構築してイギリス軍部隊を待ちかまえていたが、士気の衰えは日を追ってひどくなる一方だった。加えてイギリス軍は陣地攻撃のために対戦車ミサイルまでも持ち出し、各個撃破を敢行したため、守備側は後退を余儀なくされた。

十三日までにイギリス側は首都周辺の高地をことごとく占拠、これにより町に立てこもるアルゼンチン軍は翌十四日降伏した。

この戦争の損害は、イギリス側は戦死二五三人、負傷二四四人、航空機の損失四八機、一方アルゼンチン側は戦死六四五人、負傷一〇五人、航空機の損失一一六機、艦船の沈没五隻、損傷二隻となっている。

紛争当事国の本土が戦場にならず、しかも海軍が主力となり、艦艇の被害も多かったこの戦争は、第二次大戦後に起きた数多くの紛争の中でも特異な地位を占めている。

フォークランド／マルビナス紛争に参加した戦闘機

○イギリス海／空軍

ホーカー・ハリアーGR3　九機

〃シーハリアー　二五機

計三四機

○アルゼンチン海／空軍

ダグラスA－4スカイホーク　五七機

シュペール・エタンダール4　四機

ダッソー・ミラージュIII　二〇機

IAI・ダガー　三四機

計一一五機

注、A－4スカイホークを戦闘機として数えた。

IAI・ダガーは、ミラージュIIIのイスラエル版である。

南極大陸からの寒風が吹きすさび、牧羊が主要な産業である島々と、その周辺の海上上空では一ヵ月にわたって激しい空中戦が展開された。

イギリス艦隊を撃滅しようとするアルゼンチン海・空軍の戦闘爆撃機と、艦隊の上空掩護にあたるハリアー部隊との戦いである。

両軍の兵力はすでに掲げてあるが、イギリス側三〇～三五機、アルゼンチン側一一〇ないし一一五機である。

数から言えばア空軍が三倍と有利であったが、南米大陸の基地からフォ／マ諸島までは約六〇〇キロ飛ばなくてはならず、この点が大きなマイナスであった。

一方、英軍のVTOL戦闘機ハリアーは、半径一〇〇キロの円内で戦うことができる。

戦況については後述するが、この距離が空中戦の勝敗に大きく影響した。

この意味からは、太平洋戦争における昭和十七年八月から十八年三月にかけてのガダルカナル島をめぐる戦闘に似ている。

ラバウル～ガ島間約一〇四〇キロを飛行してから戦う日本海軍機、他方基地の上空で戦えばよかった米海軍機とのハンディキャップは大きかった。

アルゼンチン軍は、

シュペール・エタンダール

ダグラスA－4スカイホーク

の両攻撃機を運用可能な空母〈ベインチシンコ・デ・マヨ〉を保有してはいたが、イギリス潜水艦による襲撃を恐れて有効に使えなかった。

これが戦争の行方を左右する一因にもなっている。

さて、空中戦は五月初旬から激しくなり、爆弾を積んだスカイホーク（ア海軍所属）がミラージュ／ダガーの護衛と共にイギリス艦隊を攻撃した。

イギリスの軽空母〈ハーミーズ〉〈インビンシブル〉から発進したシーハリアー（海軍）、

ハリアー（空軍）は、これを迎撃する。

最高速度マッハ一・二を発揮するミラージュ／ダガーに対して亜音速のハリアーは不利と考えられたが、いったん空中戦がはじまるとその危惧はすぐに打ち消された。

イギリスが開発した史上初のVTOL戦闘機は素晴らしい運動性を見せ、新型のサイドワインダーAAMを駆使して、次々とA－4、ミラージュを撃墜する。

ハリアーの速度が低いことも、戦闘がすべて低空で行われたため弱点とならなかった。

またアルゼンチン機が長い時間上空に踏みとどまって戦うことができなかった点も、ハリアーに有利となった。

戦争の全期間を通じてハリアーは一六～二七機（資料によって異なる）のア軍戦闘機を撃墜しながら、自軍の損害は皆無であった。

もちろんア軍の対空砲火、悪天候による事故による損失はあったが、それらはすぐに補充されている。

ハリアーは悪条件で連続的に使用されたにもかかわらず、見事に任務を果たした。VTOL戦闘機はこの戦争においてその地位を確立したといって良い。

距離と滞空時間のほかに、ハリアーが有利となったのは運動性で、別表から運動性能の数値を読み取ると、

ハリアー　一九七

A－4スカイホーク　一二五

ミラージュⅢ　　一二六

となり、低空での格闘戦ならばハリアーは有効に戦える。

これに加えてアルゼンチン軍のものより格段と高性能のＡＡＭが使えたのであるから、勝利は当然であった。

しかしその一方で、ハリアーが守るべきイギリス艦艇の損害はかなりの数にのぼっている。駆逐艦〈シェフィールド〉、コンテナ船〈アトランティックコンベア〉をはじめとして、計七隻が沈没し、四隻が損傷を受けた。

その一方でアルゼンチン軍が命中させた爆弾の四割が不発だったため、この程度の損害で済んだのである。

上空の護衛戦闘機、各種対空ミサイル、多数の対空火器があっても、敵の攻撃から艦艇を守ることの難しさを、フォークランド／マルビナス諸島の戦いは実証した。

両軍の航空戦力の損害は最終的に、

アルゼンチン軍　一〇〇〜一〇三機

うちミラージュ／ダガー　一八機

スカイホーク　二三ないし三五機

イギリス軍　四八機（ヘリコプターなどを含む）

うちハリアーは一九機

であった。ただし他の戦争と同じく、損害（戦果）の数字には資料によって大差がある。

しかし空中戦によるハリアーの損失がゼロであったことは、両軍とも認めている。

その意味ではフォークランド／マルビナス紛争は、まさに〝ハリアーの戦争〟でもあった。

レバノン紛争（一九八三年六月〜七月）

戦争の概要

四次にわたる戦争でイスラエルの頑強さを知ったアラブ諸国は、次の戦争には慎重にならざるを得なかった。さらに一九七九年の劇的な「キャンプ・デービッド会談」で、アラブの盟主を自負するエジプトがイスラエルとの単独和平を決断した。

しかし先祖の土地を奪われたＰＬＯ（パレスチナ解放機構）だけは、イスラエルに対する敵意をあらわにしていた。

ＰＬＯは、各種勢力による抗争で「無政府国家」に陥っていたレバノンに目をつけ、混乱に乗じて中・南部に着々と軍事拠点を設けていった。そして一九七〇年代後半ごろから、イスラエルに対する越境攻撃を強めていく。

テロの嵐にイスラエル国民の犠牲者は増え続け、政府も対策に頭を痛めた。

ゲリラ事件が発生すると、イスラエルは空軍を出動させ、レバノン領内のＰＬＯ基地を叩くといった光景が連日続いた。

しかしこのような対処療法ではほとんど効果がなく、イスラエル国内でも強硬論が台頭しはじめる。指導部はこうした背景のもと、地上軍による大々的な侵攻作戦でゲリラ勢力を壊滅することを決断し、一九八三年六月六日「ガレリア平和作戦」を開始する。

イスラエルが誇る最新鋭戦車メルカバ三〇〇台を中心とする大部隊が南部レバノンに雪崩れ込み、PLOをはじめ、敵対する各種勢力を次々に無力化しつつ北上した。

しかしこれに対して、レバノンに駐留するシリア軍が猛烈に反発した。開戦当初から双方とも一〇〇機近い戦闘機を投入し、制空権を巡って戦ったが、イスラエル軍パイロットの技量が大いに勝っていた。空中戦は一週間続き、イ側の損害はゼロで、逆にシリア側は八〇機以上が撃墜された。しかもシリア・PLO側が発射するSAM（地対空ミサイル）も、イ側の優秀な電子妨害で全く役に立たなかった。

十日にはレバノン東部のベッカー高原でイスラエル、シリア両軍による大戦車戦がくり広げられる。イ側は戦車三〇〇台と兵員二万人、一方シリア側は戦車七〇〇台、兵員三万人というまさに大軍同士の激突である。

戦場は両軍入り乱れて混乱し、双方ともに損害が続出する。この死闘は二十二日まで続いたが、最終的にはシリア軍が高原の南半分を放棄する形で終結した。

PLOを背後で支えるシリアを牽制しながら、イスラエル軍はゲリラの巣窟であるベイルート、トリポリを目指す。

この動きを支援するため、空軍はレバノンに点在するゲリラ拠点を次々に爆撃し、また特殊部隊が海岸から上陸、沿岸に構築されている軍事施設を襲撃した。

PLOは一万五〇〇〇人の兵力を擁していたが、重火器や戦車は少なく、しかも兵器の大部分は旧式であり、主力はやはり小銃や携行式ロケットといった歩兵用兵器であった。したがって重武装のイスラエル地上部隊との平野部での戦いは明らかに不利であった。このためPLOは市街地に兵を集結させ、籠城を図った。

高層アパートが林立するベイルート市内に突入したイスラエル軍は、思いもよらぬ反撃に出くわす。これまで戦車を盾に、あるいは航空支援の庇護のもと、ゲリラに対してはほとんど無敵の力で突き進んだイスラエル軍甲部隊だったが、視界が効かず、しかも道が狭い市街地の戦いでは、戦車を有効に使うことが難しかったのである。

イ軍は歩兵戦闘を余儀なくされ、敵の狙撃に悩まされながら、建物を一つ一つ掃討して行かなければならなかった。

しかし六月中旬になるとイスラエル側の優勢が次第に明らかになった。しかも西ベイルートに展開していたシリア・PLO軍約一万人がイ軍に包囲され、全滅の危機に瀕していた。

このためアラブ各国が調停に奔走し、レバノン政府が仲介するという形で和平案を模索した。

この結果イスラエルはPLOがレバノン国内から退去することを条件に、七月和平条約に調印する。

PLOは最後までこの屈辱的な協定に抵抗したが、アラブ各国、とりわけ最大の支援国だったシリアからも引導を渡される羽目に陥り、アラファト議長をはじめ多くのパレスチナ人が、受け入れを許可したアルジェリアへ渡った。

こうしてイスラエルは、最後まで執拗に攻撃を続けていたPLOの活動を一応封じ込めることに成功する。しかし一部強硬派はそのままレバノン領内に残り、イスラエルへのゲリラ攻撃を続け、これに対抗する形でイスラエル側も部隊をレバノン領内に駐留させた。

結局イスラエルが撤退を開始したのは、一九八五年に入ってからであった。

（両者の損害）

●イスラエル

死者……三〇〇人

負傷者……一六〇〇人

戦車……三〇～四〇台

航空機……三機

●シリア

死者……三七〇人

負傷者……一〇〇〇人

捕虜……二五〇人

戦車……三五〇台

航空機……九一機

●PLO

死者……二四〇〇人

負傷者……九〇〇〇人

戦車……一六台

レバノン紛争と参加した戦闘機

一九七五年以来レバノンの情勢は混迷を続けていた。

レバノン政府軍、パレスチナ解放機構（PLO）、イスラム教徒、キリスト教徒、ユダヤ教徒がそれぞれの勢力拡大を狙い、特にPLOはこの地を拠点としてイスラエルを攻撃する。

これに対してイスラエルは〝ガレリア平和作戦〟と名付けたレバノン侵攻を実施し、PLOの根絶を目指した。

他方、隣国のシリアはPLOを援助し、シリア、PLO対イスラエルの軍事衝突に発展する。

そして一九八二年六月八日からの一週間、レバノン、シリア国境上空で大空中戦が発生した。

この戦いは延べ機数でいえば一〇〇〇機以上が参加するもので、これに多くの対空ミサイルも加わっている。

参加した航空機の種類と機数は

シリア空軍、兵員七万人、航空機四九〇機

○戦闘機

ＭｉＧ－21フィッシュベッド×一五〇機

〃　23フロッガーＥ×三〇機

〃　25フォックスバット×五〇機　計二三〇機

○戦闘爆撃機

ＭｉＧ－17フレスコ×八〇機

Ｓｕ－17／20フィッター×四〇機

ＭｉＧ－23フロッガーＦ×五〇機　計一七〇機

イスラエル空軍、三万人、航空機五五〇機

○戦闘機

Ｆ－4Ｅファントム×一三〇機

Ｆ－15イーグル×四〇機

ＩＡＩクフィル×一四〇機　計三一〇機

○戦闘爆撃機

A－4スカイホーク×一三〇機

注 F－16ファイティングファルコン×七〇機を導入中であった

国境付近での地上戦が激しくなると、両軍の戦闘機部隊も友軍支援のため次々と投入された。

シリア空軍は、大型で高価なMiG－25を温存し、対地攻撃にはスホーイSu－7／22その上空掩護にMiG－21／23を送り込んだ。さすがに多数保有してはいるものの、旧式化しているMiG－17は出撃させなかったようである。

一方、イスラエル空軍はすべての戦闘機を惜しまずに投入し、対地攻撃にはA－4、F－4上空掩護にはF－15、F－16、IAIクフィルを使っている。

第一日（六月八日）の空中戦は三回行なわれ、シリア側二四機、イスラエル側一八機が参加した。

この空中戦の勝敗は、

シリア側の発表
イ空軍機／四機撃墜、自軍の損害二機
イスラエル側の発表
シ空軍機／六機撃墜、自軍の損害なし
となっている。

この翌日ベッカー高原（ベッカー盆地）上空で最大規模の空中戦が起こった。

シリア軍は約七十機、イスラエル軍もほぼ同数をくり出し、戦闘はベトナム戦争以来もっとも激しいものとなる。

戦場となった地域と空域が比較的狭いので、両軍の戦闘機が接触する機会が増加するのである。

地上で激戦をくり返す機械化部隊、それを支援する対地攻撃機、そしてそれを攻撃し、掩護しようとする戦闘機部隊はベッカー高原の上空で死闘を展開する。

しかし空中戦の結果は――これまでの戦争と同様に――イスラエル軍の圧勝であった。

この日、イスラエル軍はシリア機甲部隊、対空ミサイル陣地を攻撃するため百機近いF－4、A－4を出撃させた。

これを迎撃してきたMiG－21、－23とエスコート任務のF－15、－16が空中戦を行ったのである。

戦闘機の性能、パイロットの技量には大きな差があり、そのうえイスラエル空軍は小型A

ＷＡＣＳ（グラマンＥ－２ホークアイ、空中指揮管制機）を配備していた。
日の出から夕刻まで断続的に続いた空中戦の結果は、
イスラエル側の発表
シリア空軍機の撃墜／二九機、損害なし
シリア側の発表
イスラエル空軍機の撃墜／二六機、損害一六機
となっている。真偽のほどは不明だが、少なくともそれぞれが発表した自軍の損失数だけは信じられる。
イスラエルは損害皆無で、シリア軍機十六機を撃墜したのであった。
しかしシリアはこれに屈せず翌日も戦闘機を大量にくり出し、イスラエル軍機と戦った。
そして空中戦はその次の日（六月十一日）の午前中まで続く。
二日目の結果
イスラエル側は、シ空軍機／二六機を撃墜、自軍の損失なし
三日目の結果
イスラエル側は、同一八機を撃墜、自軍の損失なし
（ただしのちにＦ－４×一機の損失を発表）
シリアは二日目以降、空中戦に関して戦果も損害も発表しなくなっていた。
結局三日間の空戦で、イスラエルのＦ－15、Ｆ－16は七〇機以上のシリア軍戦闘機を撃墜

したが、このすべてがMiG－21、23であった。
このほかに五機のヘリコプターが、イ空軍によって撃ち落とされている。
この三日間の戦果の内訳は、
F－15イーグル　四五パーセント
F－16ファルコン　五五　〃
で、ほぼ半々である。
両軍の戦闘機の延べ出撃数は軽く一〇〇〇回を超えている。そしてイスラエルの発表によると、六月末までの結果として、空中戦の勝敗は八五対〇であった。
原因がはっきりしないF－4ファントム一機の損失を考えても、イ空軍のワンサイド・ゲームであったことは疑う余地がない。
両軍の主力戦闘機の初飛行の時期を見ても、
MiG－21　一九五六年六月
〃　23　〃　六七年二月
F－15　一九七二年七月
F－16　〃　七四年一月
と、大きな差がある。したがってF－15、F－16の方が性能が良く、また装備機器も優秀であった。加えて前方から突進してくる敵機も攻撃できる新型のサイドワインダーAAM（AIM－9〝L〟）は、恐るべき威力を発揮した。

つまりイスラエル軍の圧勝の理由は、

一、新しく、性能の良い戦闘機

二、十分に訓練を受けたパイロット

三、空中支援システム

四、新型、高性能の兵器

にあった。つまり根本的な失策を冒さない限り、イ軍の勝利はきわめて順当と言えるのである。

このレバノンをめぐる戦争のあと、イスラエル周辺のアラブ諸国は、正面切って戦うことを回避するようになる。

第7章

空中戦の実態／１９９０年代

湾岸戦争（一九九一年一月〜二月）

戦争の概要

八年間にわたるイラン／イラク戦争を戦ったイラク・フセイン政権は、戦費調達のために膨れ上がった対外債務に加え、停滞する経済、国内で跳梁する反政府ゲリラ、石油価格の低迷などマイナス要因で青息吐息だった。

そのような国民の不満が高まる中で「アラブの盟主」を自負する彼は、国家運営に危機感をつのらせていた。

国内の不満の矛先を外部に反らそうと試みたフセインは、債務の帳消しに難色を示し、石油の増産と安値攻勢で市況を混乱させる隣国クウェートを〝悪の象徴〟として祭り上げた。そして「クウェートはイラクの一部である」という大義名文を掲げて、一九九〇年八月二日十万人の大軍で国境を越え、半日のうちにクウェート全土を占領してしまった。

イラクの暴挙に世界は憤慨し、とりわけこの国に強大な利権を有する米英は怒り狂った。アメリカはサウジアラビアに大兵力を送り込み、また西側諸国にも派兵を要請し、多国籍軍を構成してイラクの占領軍と対峙した。

イラク包囲網が形成される中、フセインは外国人を人質として拘束したり、イスラエルへのミサイル攻撃をちらつかせるなど政治的駆け引きを挑んだ。

しかし国連から武力容認決議（決議六六四）を引きだしたアメリカは、一九九一年一月二十七日、ついにイラクへの攻撃を開始する。

「デザート・ストーム（砂漠の嵐）作戦」の名のもと、多国籍軍はクウェートはもちろん、イラク全土に対して航空攻撃を展開、初日だけで延べ二〇〇〇機にも及ぶ戦闘機、攻撃機をくり出し、一〇〇〇トンもの爆弾をフセイン帝国に叩きつけた。

ハイテク軍事技術で固めた多国籍軍の攻撃に、フセイン軍はなすすべがなかった。指揮・統制・通信システムをはじめ、防空基地、橋梁、港湾、そしてＮＢＣ（核・生物・化学）などの関連施設は徹底的に破壊された。このさいアメリカは初めて巡航ミサイル「トマホーク」を多数実戦に投入、バグダットの司令部攻撃に使用している。

イラク側は緒戦でいきなり制空権を握られたばかりか、国家中枢の神経までも寸断されてしまった。

十八日フセインは報復措置として、予告通りイスラエルへスカッドＳＳＭ（地対地ミサイル）を放った。

しかしアメリカのブッシュ大統領による強力な説得によって、イスラエルは軍事報復を思いとどまり、フセインが狙った「西側とアラブ穏健派諸国との亀裂」は辛くも回避された。

その後も多国籍軍の空襲は間断なく続けられ、敵の士気と戦力を徐々に削いでいった。

劣勢を挽回するために、イラク軍は一月二十九日クウェート国境に近いサウジのカフジに機甲部隊を進め、湾岸戦争初の地上戦に挑んだ。戦車を先頭に町に突入した侵攻軍は、守備につくアメリカ海兵隊、サウジ・カタール合同軍と激しい攻防戦を演じたが、強力な空爆に耐えきれず、翌三十日には手痛い打撃を受けて退却した。

ブッシュは無条件撤退を拒み続けるフセインに鉄槌を下すため、二月二十四日ついに地上軍による大反抗作戦にゴーサインを出す。

クウェートとイラク南部には五〇個師団／六五万人、戦車四三〇〇輛、装甲車三〇〇〇輛、火砲三〇〇〇門という、イラク軍の大戦力が布陣し、激戦が予想された。

一方多国籍軍側は約四〇万人、戦車三〇〇〇輛、装甲車四〇〇〇輛、火砲二五〇〇門である。

まず多国籍軍側は兵力の集中するクウェート戦域を迂回するように、その西側にあたるイラク領に攻め入る。

空軍と砲兵部隊の重厚な砲爆撃の支援のもと、多国籍軍の機甲部隊は隊列を組んで砂漠地帯を一路北上した。

その圧倒的な火力の前にイラク軍部隊は次々と降伏、あるいは退却を余儀なくされ、さほどの抵抗もないままアメリカ軍は二十五日までにユーフラテス河に到達した。

一方友軍がイラク領へ侵攻したことを確認すると、アメリカ海兵隊とアラブ合同軍からなる混成部隊もクウェートへ進撃を開始、二十五日には湾岸戦争中最大の戦車戦をクウェート市近郊で演じた。

ユーフラテス河に至った多国籍軍は進路を東に変え、二十七日までにシャリバ、タリル空軍基地を抑えた。また湾岸沿いに北上するアメリカ、アラブ混成部隊もこの日までにクウェート市に無血入城を果たした。

次に多国籍軍側はイラク南部最大の都市バスラへ進撃する構えを見せたが、二月二十八日、初期の目標を達成したとして一方的に停戦、百時間に及ぶ地上戦に幕を降ろした。

このようにして世界の注目を集めたイラク軍対多国籍軍の戦争は後者の圧勝に終わった。

(両軍戦力の比較)

●イラク軍

兵力…九五万人

戦車…五五〇〇台

装甲車…約一万台

戦闘用航空機…七〇〇機

ヘリコプター…一六〇機

艦艇(五〇〇トン以上)…四三隻

●多国籍軍(アラブ合同軍も含む)

兵力…六五万人
戦車…五〇〇〇台
装甲車…七〇〇〇台
戦闘用航空機…一九〇〇機
ヘリコプター…一七〇〇機
艦艇（五〇〇トン以上）…一二〇隻

（両者の損害）

●多国籍軍
戦死者…一五〇人
行方不明者…三七人
負傷者…三三〇人
捕虜…四六人
航空機…六二機
戦闘車輌…八四台

●イラク軍
戦死、行方不明者…一万二〇〇〇〜一万七〇〇〇人
負傷者…三万五〇〇〇人

捕虜…五万人
空中戦による航空機の損失…四二機
地上における航空機の損失…八一機
戦闘車輌…三四〇〇台
火砲…二二〇〇門
艦艇…二五隻（五〇〇〇トン以上）

湾岸戦争に参加した戦闘機

クウェートを手中におさめようとしたイラクの航空兵力は、数の上からは極めて強力であった。ここでは戦闘機のみを見ていこう。

◯戦闘機　二八〇機
MiG－21フィッシュベッド×一五〇機
〃　25フォックスバット×三〇機
〃　29ファルクラム×三〇機
MiG－19（F6）ファーマー×四〇機
ミラージュF1×三〇機
◯戦闘爆撃機（複合任務戦闘機）　三〇〇機
MiG－23フロッガー×九〇機

Su－7フィッターA×三〇機
Su－20／22フィッターD／H×七〇機
Su－24フェンサー×二〇機
ミラージュF1×六〇機
MiG－21（F7）×三〇機
ともかく制空戦闘機、戦闘爆撃機を合わせると六〇〇機近い戦力である。
余談ながら、当時のわが国の航空自衛隊の戦闘機の数は、
F－1×八〇機
F－4×九五機
F－15×一六〇機
予備機×約五〇機
で、総数四〇〇機弱である。イラクの機数には予備機は含まれていないから、見掛けの戦力としては二倍近い。
しかしその内訳を見ると、航空機の種類があまりに多いことに気がつく。
製造国は旧ソ連、中国、フランスの三ヵ国。
戦闘機は五種類、戦闘爆撃機は六種類であり、両方をまとめて取り扱ったとしても九種類となる。
整備性、部品の互換性はもちろんパイロットの慣熟度を考えれば、機種は少なければ少な

最も多数のイラク軍機を撃墜したF-15イーグル

戦闘機と攻撃機の要素を兼ね備えたF／A-18ホーネット

いほど良い。

多国籍軍の主力たるアメリカ軍は、制空および戦闘爆撃機として、次の四種に絞っていた。

F－15イーグルおよびEストライクイーグル

F－14トムキャット

F／A－18ホーネット

これに比較してイラク空軍の機種の数については、首を傾げるばかりである。

同じ戦闘機パイロットが、

ロシア製のMiG－29

中国製のF7

フランス製のミラージュF1

を操縦できるものだろうか。

万一可能だとしても、航空機の能力を十分に発揮させ得るとはとうてい信じられない。

もう一つの弱点は、やはり旧式の機種が多いということである。

イラク空軍戦闘機のなかで、最新式のタイプはMiG－29とミラージュF1（三〇機、六〇機、計九〇機）だけで、他の五〇〇機は多少時代遅れといえる。

もちろん相手が先進国の空軍でなければ性能的に不足とは思わないが、アメリカ、イギリス、フランス空軍と戦うには非力であった。そして実際に戦闘が開始されると、イラク軍戦闘機隊はその事実を思い知らされるのである。

　地形が複雑でかつ天候が不順であれば、ベトナム戦争における北空軍が行なったごとく、それらを利用してイラク軍戦闘機隊も格闘戦に持ち込めたかも知れない。

　曇天が続く北の上空では、低速ではあるが運動性の良いMiG－17がF－4ファントム、F－105サンダーチーフを相手に善戦した。

　性能の優れたレーダーがあったとしても、断雲の中を飛びまわるドッグファイトではそれを活かし切れない。

　しかし青く澄んだ大空、そして平坦な地形の空域で行なわれた空中戦では、MiG－21はF－15の敵ではない。

　高空から強力なレーダーを駆使するAWACSに支援されたイーグルは、片端からイラク軍戦闘機を撃墜していった。

　ここでは支援機の能力とAAMの威力の差が勝敗を決定したのであった。

　この湾岸戦争では共に大規模な航空兵力が用意されていたので、激烈な空中戦が展開されるものと予想されていた。

　爆弾搭載量こそ大きいものの、すでに旧式化しているボーイングB－52など、投入可能機数（最大一二〇機）の三〇パーセントが失われる可能性さえあった。

　しかし開戦後、延べ一〇〇〇ソーティ以上出撃したにもかかわらず、損失は一機にとどまり、それも機械的トラブルが原因であった。

空中戦に至ってはまさに一方的で、イラク空軍は徹底的に打ちのめされる。最初から最後までアメリカ空軍に押さえ込まれ、イラク空軍は一機の多国籍軍機も撃墜できなかった。それどころか、脅威を感じさせることさえなかったのである。

これは航空戦史上最大の惨敗とも言える。

またもう一つ付け加えるとすると、アラブ諸国の人々の科学技術運用に対する能力が問われかねないことである。

イラクは言うに及ばず、エジプト、シリア、リビアと言った国々の空軍は、思う存分ジェット戦闘機を駆使することができないのではなかろうか。

中東戦争におけるイスラエル対エジプト、シリア、そして湾岸戦争におけるイラク対アメリカの戦闘機の戦いぶりを見ると、このような状況が現実の問題として浮かび上がってくる。

アラブ人の操縦する戦闘機が、イスラエル、アメリカ機を撃墜した例はきわめて少ない。同じ旧ソ連製航空機を使っていた北ベトナム空軍は、アメリカ軍にとって侮り難い相手であった。

しかしアラブの空軍は、最新鋭戦闘機について――ようやく飛行させ得る程度の――技術しか持っていないようである。

特にイラクは八年間続いた対イラン戦争の直後という時期であっても、その力をほとんど発揮できなかった。

異機種間空中戦戦術

同機種間空中戦戦術

の二つの訓練コースで鍛え上げられたアメリカ軍、そして豊富な実戦経験を持つイスラエル軍パイロットと比較したとき、操縦技術には大差がある。そして支援体制、支援技術もまた同様であった。

このためいったん戦争が勃発すると、一日一〇〇〇ソーティー（延べ出撃数）のペースで襲ってくる多国籍軍に対し、イラクの反撃手段は対空火器（AAA）、対空ミサイル（SAM）だけとなってしまった。

戦闘機を迎撃に発進させれば、待ちかまえていた多国籍軍戦闘機がそれに向かって集中してくるのである。そしてイラク上空で火を噴く機体は、すべてイラク軍のものとなってしまうのであった。

湾岸戦争における戦闘機の戦い

前述のとおり〝砂漠の嵐〟作戦は、一九九一年一月十七日～二月二十八日まで約四〇日間であり、そのうち地上戦は二月二十四日～二十八日（実質一〇〇時間）で終了した。

航空戦のうちの〝空中戦〟は、一月十七日から二月十五日の約一ヵ月であるが、戦闘機同士の戦いは、一月十七日から二月七日の約二〇日間となっている。

緒戦から圧倒され続けたイラク空軍は、この二〇日で反撃を諦め、もっぱら機体の温存をはかった。

そして大部分の航空機を、隣国イランに脱出させたのである。

イランはこれらを仕方なしに受け入れたものの、いまだに返還していない。

また積極的に整備して自国の空軍で使用する意志もなく、時間と共に朽ちるにまかせている。

それではこの戦争における戦闘機同士の戦いを、時間を追って見ていくことにしよう。

これはまた多国籍軍の勝利の記録でもある。

一月十七日

米空軍のF－15がAIM－7を使用して

ミラージュF1×一機を撃墜（以下同じ）

F－15／AIM－7使用

MiG－29×一機

F－15／AIM－7使用

MiG－29×一機

F－15／AIM－7使用

米海軍　ミラージュF1×二機
　　　　F／A－18、AIM－9使用
　　　　F7（MiG－19）×一機
　　　　F／A－18／AIM－9使用
　　　　F7（〃）×一機　計七機

一月十九日
★米空軍　F－15／AIM－7スパローミサイル使用
　以下同じ　MiG－25×二機
　　　　　　MiG－29×二機
　　　　　　ミラージュF1×二機
　　　　　　　　　　　　　計六機

一月二十四日
サウジアラビア空軍　F－15／AIM－9サイドワインダーミサイル使用
　　　　ミラージュF1×二機
　この空中戦では、アメリカ空軍のAWACS機が、サウジ空軍A・S・シャムラニ大尉の
操縦するF－15を支援し、一挙に二機を撃墜させたものである。

一月二十六日

米空軍　F－15／AIM－7使用
　　　　MiG－23×三機
一月二十七日
米空軍　F－15／AIM－9使用
　　　　MiG－23×二機
　　　　F－15／AIM－7使用
　　　　MiG－23×一機
　　　　ミラージュF1×一機　計四機
一月二十九日
米空軍　F－15／AIM－7使用
　　　　MiG－23×二機
二月六日
米空軍　F－15／AIM－9使用
　　　　MiG－21×二機
二月七日
米空軍　F－15／AIM－7使用
　　　　Su－22×四機

湾岸戦争における戦闘機同士の空中戦はこれですべてである。

他に〝空中機動〟により

米空軍　F－111がミラージュF1

を撃墜している。これは空中戦のさい、一方の側が自分の乗機の操縦を誤り、墜落したケ

ースを指す。

また徹底的に追跡され、地上に衝突といった状況もこれに含まれる。

このように見ていくと多国籍軍の空軍戦闘機はイラク戦闘機を三〇機撃墜し、自軍の損失は皆無という圧勝を収めたことがわかる。

ともかく少なくとも六〇〇機の戦闘機、戦闘爆撃機をそろえていたイラク空軍は、空中戦では一機の敵機をも撃ち落とせなかったのであった。

ただし戦争が終わってから一五年目に、アメリカ空軍は一機のF－15イーグルがMiG－23の空対空ミサイルによって撃墜された可能性がある、と発表している。

多国籍軍の中で、もっとも素晴らしい活躍を見せたのは、アメリカ空軍の第三三戦術戦闘航空団である。F－15四八機をそろえた33TFSは、全期間を通じて一六の勝利を得た。

内訳をまとめてみると、

MiG－23	フロッガー	四機
〃　25	フォックスバット	二機
〃　29	ファルクラム	五機

Ｓｕ－22　フィッターＤ　三機
ミラージュＦ１　二機
である。
33ＴＦＳだけで全戦果の半分を挙げていることがわかる。
一方、他の米空軍機が一〇機、米海軍、サウジ空軍がそれぞれ二機であった。
空中機動によって撃墜された二機は、この数字に含まれていない。
この戦争の航空戦の最終結果は、
破壊されたイラク軍航空機　四六〇機
失われた多国籍軍機　七五機
総出撃数　約一一万回
であった。

第8章　ジェット戦闘機の進歩

初期の戦闘機対現在の戦闘機

第1章でそれまでのレシプロエンジン／プロペラ付戦闘機と、全く新しく登場したジェット戦闘機を比べているが、次の課題は新旧のジェット戦闘機の能力の比較である。初めてデビューした本格的なジェット戦闘機と、現在の主力戦闘機とは性能的にどれだけの差があるのだろうか。

本来ならドイツ第三帝国のメッサーシュミットMe262と比べるべきかも知れないが、それではあまりに古く、かつ違いすぎる。

やはり実用ジェット戦闘機の第一世代ともいうべき、次の三機種との差を調べるべきだろう。その理由としては、第一世代（一九五〇年代初期）のものこそ、ようやくある程度の信頼性を持った航空機と呼べるものだからである。

この三機種は、いずれも一〇〇〇機以上の生産が行なわれた。また、

ミグMiG－15　一九四七年　七月　二日
ノースアメリカンF－86F　〃　十月　七日
グラマンF9F　〃　十一月二十四日

と半年以内に同時に初飛行している。
このように見ていくと、第二次大戦終了後二年たっていた一九四七年こそ、まさに新しいジェット時代の幕開けであった。
そしてそれから約三年後、これらのジェット戦闘機は、朝鮮半島の上空で死闘をくり広げる。
さてこの三機種のうちから、
空軍の制空用戦闘機として
ノースアメリカンF－86Fセイバー
海軍の艦上戦闘機として
グラマンF9F－5パンサー
を選び、現在第一線にある
ジェネラル・ダイナミックスF－16ファイティングファルコン
マクダネル・ダグラスF／A－18Eホーネット
を比較する。ファルコンはセイバーと同様に空中戦の勝利を目的に設計され、制空を任務とする戦闘機である。
一方、ホーネットはF／A（戦闘／攻撃）を主任務としている。
F9Fパンサーもまたどちらかといえば、対地攻撃を得意とした〝F／A的〟な戦闘機であるから、この対比は最適であろう。

アメリカ空・海軍の戦闘機

●空軍機として
マクダネル・ダグラスF－15イーグル

●海軍機として
グラマンF－14トムキャット
を選択しなかった理由は、共に複座で大型であり、F－86F、F9Fとは多少性格が異なっているからである。
またF－16、F／A－18と比較すると、F－15、F－14は少々古いのである。
それぞれの原型初飛行の月日は、
F－16ファルコン　一九七四年　二月
F／A－18ホーネット　一九七八年十一月
F－15イーグル　一九七二年　七月
F－14トムキャット　一九七〇年十二月
となっていて、いずれもF－16、F／A－18が新しいことがわかる。

●アメリカ空軍の制空戦闘機の進歩
F－86F（一九四七年）とF－16C（一九七四年）の比較

	F－86F	F－16C
全長m	一一・四	一四・七
全幅m	一一・三	九・五
全高m	四・五	五・〇
翼面積㎡	二六・七	二七・九
自重トン	五・二	七・六
総重量トン	七・三一	一五・〇
エンジン推力トン	二・七六	一二・三
推力重量比	〇・四一	〇・五一
翼面荷重kg／㎡	二三六	三九〇
翼面推力kg／㎡	一〇三	四四〇
最高速度M	〇・九五	一・七五
最良上昇力m／分	二八四〇	一万二八〇〇
上昇限度キロ	一五・五	一八・〇
航続距離キロ	一四五〇	三九〇〇

注、乗員数はともに一名。データは資料によって多少異なる。

このように比較の数値を掲げてみると、次の諸々の事柄がわかる。

一、サイズはそれほど違わず、総重量のみ二倍となっている。F－86、F9Fが最大でも一トン弱の兵器（爆弾、ロケット弾）しか搭載できなかったのに対し、F－16は四ないし六トンを積め、これが最大の違いである。

二、エンジンの出力は再燃焼装置（アフターバーナー、A／B）が開発されたこともあり、三〇年の間に五倍となった。なお両機（F－16、F／A－18）のエンジン（J47とF100）の重量には大差はなく、後者が二〇パーセント重いだけである。

三、最高速度はマッハ（M）＝一・五以上であれば、あまり重要視されなくなっている。それでもF－16はF－86Fの約二倍である。

四、もっとも差が出ているのは最良上昇力で、機体がクリーン（外部に爆弾、燃料タンクが付いていない状態）ならば、一対一〇と大きく開いている。戦闘機の進歩をもっとも如実に示しているのは、この上昇力といえそうである。

五、ジェットエンジンにこだわっている限り、実用上昇限度は二〇キロ（二万メートル）を超えることはなさそうである。一部の特殊な偵察機、研究機を別にすれば、限度は一八キロと見ればよい。

六、航続距離はフェリー飛行（移動のためのフライト）と、戦闘参加（任務）によって大きく異なる。そのために戦闘行動半径（コンバット・レンジ：CR）によって示されるようになってきた。CRの数値は最大航続距離の四割前後である。

七、固定武装の機関銃／砲の威力は、三〇年前とあまり変わっていない。F－86F／一二・七ミリ機関銃六門

F9F／二〇ミリ機関砲四門
F－16、F／A－18　二〇ミリ・バルカン砲一門については、別稿で論じているが大差なしと考えてよい。

ここに掲げた分析は、F－86とF－16だけではなく、F9F対F／A－18、MiG－15対MiG－29の場合でもほぼ同様である。

一般的な結論として、性能については、
一、速力二ないし二・五倍に
二、上昇力は五ないし八倍に
三、兵器搭載量は五ないし六倍に
四、上昇限度、航続力は大差なし
ということになる。

これが一九四七年初飛行　一九五〇年実用化
一九七〇年代初飛行　一九八〇年代実用化
の三〇年間の進歩と言えようか。

この期間は、航空機が戦争に登場した一九一四年（第一次世界大戦最初の年）から一九四四年（昭和十九年、第二次大戦の最中）の間と同様である。

同じ三〇年のうち、どちらが著しく進歩したかと考えると、どうも一九一四年～四四年の方だと言える。

次にアメリカ海軍の戦闘機

グラマンF9Fパンサー

MD・F／A－18ホーネット

を比較するが、ともに空軍機とちがって航空母艦をベースとする艦上戦闘機である。狭いフライトデッキを使って発着艦を行うために、艦上機は構造上の強度が必要で、どうしても頑丈で重くなる傾向がある。

一九七五年以来、米海軍の主力戦闘機の座にあったF－14トムキャットは、艦上機としてはあまりに大きく、かつ重量的にも大きすぎた。小さな改修は続けられたものの、それもすでに限界にきており、より小型で構造的にも簡単なF／A－18が、F－14のあとを引き継ぐ。

F－14トムキャット　総重量三三トン

F／A－18ホーネット　総重量一六トン

と前者はホーネットの二倍も重い。これでは次期主力戦闘機がF／A－18になるのは当然といえなくもない。

F－14は可変式の主翼をいっぱいに展開すると、全幅一九・五メートルにもなる。空軍のF－15イーグルの全幅が一三メートルだから、いかに大きな戦闘機かわかろうというものである。

空母のフライトデッキ面積を考えると、運用する航空機はなるべく小さいことが望ましい。一九六〇～七五年のF－4ファントム一九七五～九五年のF－14トムキャットとも艦上機としては間違いなく大きすぎたようである。

F－14戦闘機、グラマンA－6イントルーダー攻撃機の役割を一機種でこなせるF／A－18が、近い将来アメリカ海軍のエースの座に着くのは間違いなく、その点からもこれからのホーネットに注目していかねばならない。

というわけでグラマンF9Fの比較対象は、F／A－18となるわけである。

●アメリカ海軍の艦上戦闘機の進歩

F9F（一九四七年）とF／A－18（一九七八年）の比較

	F9F	F／A－18
全長m	一一・三	一七・〇
全幅m	一一・六	一一・四
全高m	三・五	四・七
翼面積㎡	三一・〇	三七・一
自重トン	五・四	一〇・五

総重量トン	九・二	一五・七
エンジン推力トン	二・三	一四・六
推力重量比	〇・三二	一・一一
翼面荷重kg／㎡	二三五	三五三
翼面推力kg／㎡	七四	三九三
最高速度M	〇・六九	一・八
最良上昇力m／分	八六〇	不明
上昇限度キロ	一三・六	一五・二
航続距離キロ	二二〇〇	一八五〇

注、乗員数はすべて一名。データは資料によって多少異なる。

ロシア空軍の戦闘機

さてアメリカ機ばかり比較して、他国の戦闘機を無視することは許されない。

ロシアについては、前述のミグMiG－15に対して、同じ設計局が一九七七年十月に初飛行させた、

ミコヤンMiG－29ファルクラム

を比較してみよう。ファルクラムは同じ年に初飛行したスホーイSu－27フランカーにさきがけ、ロシア空軍の中核をなしている高性能戦闘機である。

本来ならより優れたフランカーを比較の対象とすべきといった意見もあろうが、ここではファルクラムを選びたい。

その理由としては、

MiG－29　自重一一トン　総重量一八トン

Su－27　自重一六トン　総重量三〇トン

の数字から見てもわかるとおり、MiG－29は格闘戦を得意として、まさにMiG－15の後継者といった戦闘機であることによる。

●ロシア空軍（旧ソ連）の制空戦闘機の進歩

MiG－15（一九四七年）とMiG－29（一九七七年）の比較

	MiG－15	MiG－29
全長m	一一・一	一六・三
全幅m	一〇・一	一一・四
全高m	三・四	四・七
翼面積㎡	二三・七	三八・〇
自重トン	三・八	一〇・九
総重量トン	五・三	一八・〇
エンジン推力トン	二・三	一六・六

推力重量比	○・四	一・一四
翼面荷重kg／㎡	四一六	三八二
翼面推力kg／㎡	九七	四三七
最高速度M	○・八六	二・三五
最良上昇力m／分	三五○○	一万九八○○
上昇限度キロ		一七・○
航続距離キロ	一○八○	三九○○

注、乗員数はすべて一名、データは資料によって多少異なる。

フランス空軍の戦闘機

次に戦闘機開発では独自の道を歩むフランスを見ていくことにする。

フランスのジェット戦闘機といえば、一にも二にもミラージュ（蜃気《しんき》楼《ろう》の意）に尽きる。このミラージュ・シリーズの分類は実に複雑で、なんともわかりにくい。たとえば大量生産され、きわめて一般的なミラージュⅢに対し、

○セミデルタの主翼と尾翼を有するF1
○大型化された核攻撃機Ⅳ
○小型化された制空戦闘機二○○○N

と全く大きさ、形の異なった機種をミラージュひとからげにして呼んでいるのである。

フランス・ミラージュ系戦闘機

ダッソー・ミラージュ IIIC

ダッソー・ミラージュ 2000

かなり年期の入った航空ファンでも、ミラージュの各タイプを正確に区分するのは難しい。そのためここでは純粋の戦闘機型に限って取り上げている。ミラージュ二〇〇〇はアメリカ空軍のF–16の対抗馬として開発された、制空用戦闘機である。

●フランス空軍の戦闘機の進歩

ミラージュIII（初飛行一九五五年）とミラージュ二〇〇〇（一九八二年）の比較

	ミラージュIII	ミラージュ二〇〇〇
全長m	一三・七	一四・四
全幅m	八・二	九・一
全高m	四・三	五・二
翼面積㎡	三四・八	四一・〇
自重トン	六・〇	七・五
総重量トン	一一・〇	一一・〇
エンジン推力トン	六・〇	九・七
推力重量比	〇・七一	一・〇五
翼面荷重kg／㎡	二四四	二三五
翼面推力kg／㎡	一七二	二三六
最高速度M	二・一	二・二

最良上昇力m／分　七二〇〇　一万三五〇〇
上昇限度キロ　一・八　一八・〇
航続距離キロ　二三三〇　一七五〇
注、乗員数はすべて一名。データは資料によって多少異なる。

イギリス空軍の戦闘機

一九五〇〜六〇年代のイギリスは、次々と新型戦闘機を送り出していた。
第二次大戦中はもっぱら空軍機の改造型を用いてきたイギリス海軍航空部隊（正確には艦隊航空隊という）さえ、独自の設計の機体を導入する。
まずこれらを見ていくことにしよう。
◯イギリスの艦上ジェット戦闘機
スーパーマリン・アタッカー
ホーカー・シーホーク
スーパーマリン・シミター
の三機種が中型の英空母上で運用された。しかし同国の経済は次第に活力を失い、イギリスの艦上戦闘機は、
◯再び空軍機の海軍型
◯それも先細りとなり、アメリカ製戦闘機F－4ファントムK型の採用

◎正規空母の運用中止

○小型空母三隻とVTOLハリアーの採用へと変化していく。

また空軍の戦闘機もホーカー・ハンターのあとには、双発大型の、イングリッシュ・エレクトリック・ライトニングF1／T4が出現しただけで、単独での開発は終末を迎えるのである。

二基のエンジンを上下に装着するという珍しい形式のライトニングは、約二〇〇機生産されただけで、アメリカ製のF－4、国際協同開発のパナビア・トーネードと入れかわった。

新たに主役の座についたトーネードは、イギリス、旧西ドイツ、イタリアの協同開発であり、経費節減のため〝MRCA〟となった。

MRCAとは〝多目的戦闘用航空機〟の頭文字をとったもので、まずプロトタイプを完成させ、それを基本に、空中戦闘、攻撃、対地支援、対艦攻撃、偵察など様々な任務に適したものを生み出していくというアイディアに沿っている。

ここでは制空、迎撃戦闘機型のADVを取り上げた。

●イギリス空軍の戦闘機の進歩

ハンター（一九五一年）と国際共同開発トーネードADV（一九七四年）の比較

	ハンター	トーネード
全長m	一四・〇	一八・七

全幅m	一〇・三	八・六
全高m	四・〇	五・七
翼面積㎡	三二・四	三〇・〇
自重トン	六・一	一四・五
総重量トン	一〇・七	二八・〇
エンジン推力トン	四・五	一五・〇
推力重量比	〇・五四	〇・七一
翼面荷重㎏／㎡	一〇〇	七〇八
翼面推力㎏／㎡	一三九	五〇〇
最高速度M	〇・九五	二・二
最良上昇力m／分	四五〇〇	不明
上昇限度キロ	一五・七	一九・〇
航続距離キロ	一三〇〇	一九〇〇

トーネードは主翼後退時のデータ

注、乗員数は一～二名。データは資料によって多少異なる。

これまで第一世代（一九四七～五〇年頃に初飛行）のジェット戦闘機と、現在の主力戦闘機の性能、能力の差について述べてきた。

一部に重複するが、この三〇～四〇年の間の進歩の度合いは、少しずつ小さくなっているようである。そして新しい戦闘機が登場しても、カタログデータに大差はなくなってしまった。

それどころか新型戦闘機が現れるタイムスパンがますます長くなっていて、それは一〇年になろうとしている。

次章で述べるが、現在新型機と呼べるものは、アメリカ一種（F－22）、ヨーロッパ一種（ユーロファイター）だけである。

この最大の理由は、戦闘機に限らず軍用機の開発に莫大な資金が必要となり、その負担に各国が耐えられなくなっている点にある。

たとえばF－22の価格は、最初の四機分として八億ドルとされている。

量産されれば多少は安くなろうが、それにしても一機二億ドル（一六〇億円）もする。

現在の日本の主力戦闘機F－15の約二倍であって、ドルの対円レートを考えればアメリカ国内でのF－22の価格は二〇〇億円といえよう。

これを一〇〇機そろえるとすると、これだけでアメリカの国防予算の七・五パーセント（一九九四年）が消えてしまうことになり、とても耐えられる金額ではない。

そのため海軍は早々に新型戦闘機の開発から手を引き、F／A－18を改良して二一世紀の前半を乗り切ろうと決定した。

ヨーロッパのユーロファイター計画も大幅に遅れ、特にドイツは資金難から参加を凍結する可能性さえ出てきた。

また旧ソ連が崩壊して東西の冷戦が終わったということもあり、大国の軍事力、軍事予算は縮小の一途をたどるものとみられる。

そうなると最大の〝金食い虫〟たる戦闘機の開発、配備、運用は、これまたまっ先に縮小されるのである。

もちろん大国以外の各国もそれにならうから、現用の戦闘機を少しでも永く使おうと試みる。

その結果一九五六年六月に初飛行した、
ミコヤン・グレビッチＭｉＧ－21
が二一世紀に入ってもなお現役にとどまる可能性も大いにある。今後も改良型のＭｉＧ－21ＭＦが生産される予定となっているから、この戦闘機は初飛行以来一世紀近くにわたって使われるかも知れない。

改良が加えられているとは言え、同じタイプの戦闘機が七〇～八〇年にわたって使われる！

これが新しい時代（二一世紀）の前途を暗示しているようである。

第9章

21世紀の戦闘機

21世紀の展望

ライト兄弟による初飛行は一九〇三年であったから、航空機はまさに二〇世紀と共に進歩してきたことになる。

それでは間もなくやってくる歴史の区切りの向こう側には、どのような戦闘機が存在するのか、推測してみよう。

開発、量産の費用の問題

未来の予測は難しいが、開発に長い時間と莫大な費用を要する戦闘機については、比較的易しいといって良い。それは、これから十年どころか十五年先まで、登場する戦闘機の大要についてはわかっているからである。

特に従来機の改造ではない全くの新機種は、きわめて少なくなっている。

一九九〇年に終わった東西冷戦が、アメリカ、旧ソ連（ロシア）の軍事費を大幅に削減させた。

となれば、特別に金を食う新戦闘機開発など、まっ先に影を潜めるのである。

これに関しては次の数値を見れば、如実に理解できる。

◯ロッキードF－117ナイトホーク／ステルス戦闘機（アメリカ）

一九九〇年の貨幣価値で、

総額一六億ドル（一機当たり四三〇〇万ドル）

◯ロッキードF－22戦闘機（米）

一九九一年の貨幣価値で、

各種試験用の一一機、八億ドル（一機当たり七二〇〇万ドル）

◯パナビア・トーネード戦闘／攻撃機（国際共同）

一九八〇年の貨幣価値で、

開発、試作八機分、一兆円（九〇億ドル）

またモデルとなる実機が存在し、それをもとに大幅に改良された戦闘機を試作した場合でも、

◯日本の三菱FSX支援戦闘機

F－16の大型化、近代化

一九九四年の貨幣価値で三三〇〇億円（最初の生産分一機当たり一四〇億円）

となる。

注、一九九五年三月末にアメリカ空軍はロッキードF－22について、四二二機量産した場合、本体のみで四〇億円、予備部品、支援システムを含めた〝フ

ステルス戦闘／攻撃機ロッキードF-117ナイトホーク

湾岸戦争で対地攻撃に大戦果をあげながら，損失も大きかったイギリス空軍のトーネード

ライアウェイ〟状態まで準備したときには、一機当たり七二億円になると発表した。

このフライアウェイ状態とは、三機について二基の予備エンジン、電源車、専用修理工具を揃えた稼働状態をいう。

またここに掲げたすべての開発、量産、試作（改良）に要する資金は、計画予算を必ず超過し、常に二倍にまで膨張している。

まるで当初から、必要額の半分を要求したと思われるほどである。

ＦＳＸもこの類《たぐい》の典型で、一九八八年に決定した総予算は一六五〇億円であった。それが九四年には三二八〇億円まで膨らみ、最終的には六〇〇〇億円という巨額に達すると推測されている。

新規開発どころか、改良計画でさえ、これほどの予算を必要とするのである。そのうえ量産となれば、その数倍、数十倍の資金が要求される。

ともかく一兆円という金額になれば、いかに大国といえども捻出には苦労する。

イギリス、ドイツ、日本はもちろん、現在経済不況に苦しんでいるロシアなどでも、ひとつの国家単独での新戦闘機開発はまず無理である。

このように見ていくと、開発中の新戦闘機の数はわずかに次の

◯アメリカのロッキードＦ－22

◯国際共同（イギリス、ドイツ、イタリア、スペイン）開発のユーロファイター二〇〇〇
の二機種だけと言ってよい。
またこれまでの機種の発展型新戦闘機としては、
◯フランスのミラージュ二〇〇〇改
フランスのダッソー・ラファールM
◯スウェーデンのサーブ・JAS39グリペン
などが挙げられる。これを全部加えてもわずか五機種にすぎない。
この三機種ともすでにロールアウト、初飛行を終えてはいる。しかしミラージュを除いてはすぐさま量産という具合にはいかないようで、その原因は一にも二にも、前述のごとく資金的な問題と言って良い。
これ以外の新規開発としては、中国がイスラエルの技術支援を受けて計画している
XJ－10戦闘機
がある。ただしこれは必ずしも純粋の戦闘機かどうか疑問があり、地上攻撃に重点をおいたものかも知れない。中国空軍の本音として、
戦闘機　スホーイSu－27フランカー
戦闘爆撃機　J－10
を合わせて一〇〇〇機程度揃えたいのであろう。
このほか、イスラエル／インドが、軽戦闘機LCA（軽量戦闘用航空機／戦闘機）の開発

英，独，伊，スペイン共同開発のユーロファイター 2000

最新式のロシア製戦闘機スホーイ Su-35

に取り組んでいる。

ただしこれは〝L〟が用いられているように、本格的な戦闘機とは言えないようである。

戦闘機の価格

次に戦闘機の価格についてもう少し詳しく触れる。戦闘機は重量当たりの価格がもっとも高い兵器で、自重から換算すると、すべてが純金でできているのと同じことになる。貨幣価値が大きく変動しているので、直接の比較にはならないが、ここで戦闘機一機当たりの実質的な価格を調べてみる。
まず日本の航空自衛隊の場合であるが、金額は当時の予算調達費によると、
ノースアメリカンF86F
一九五八年　一億二五〇〇万円
ロッキードF−104J
一九六〇年　四億三三〇〇万円
マクダネルF−4EJ
一九七七年　三七億七七〇〇万円
マクダネル・ダグラスF−15J
一九八七年　八八億四三〇〇万円

以上のいずれもがライセンス生産の価格で、これを完成品として輸入すれば二〇ないし二五パーセント安くなったはずである。

また国産の支援戦闘機三菱F1は、一九八四年調達　二九億九〇〇〇万円となっている。

一方、アメリカ軍の戦闘機については、一九八八年の要求額が次のごとく決定している。

◯海軍・海兵隊機

グラマンF-14　六三億円

マクダネルダグラスF／A-18　四四億円

㊁空軍機

マクダネルダグラスF-15　三七億円

ジェネラルダイナミックスF-16　一五億円

（一ドル一〇〇円として換算）

現在の最新鋭機については、

ロッキードF-22　八〇億円

ロッキードF-117　九〇億円

程度であり、戦闘機ではないがノースロップB-2ステルス爆撃機に至っては、一機当たり五〇〇億円に近い。

一九九五年会計年度のアメリカの国防予算は、約二〇兆円であるから、B－2四機で一パーセントに達してしまうのである。
これではいかに大国アメリカといえども、多数をそろえることなど不可能ではあるまいか。
このためF－22、F－117、B－2などについては、当初の量産機数が大幅に削られている。
F－22は六五〇機が四二〇機に
F－117は一一七機が五一機に
B－2に至っては一三二機がまず七五機に
それがまた減らされて一五機に（のちに復活して二一機に）
といった具合である。
日本のFS－Xも、開発費がすでに二倍に高騰している。したがって一二〇機程度量産したと仮定しても、F－16の三倍、五〇億円程度にはなってしまうのではないだろうか。
これまで述べてきた開発費、量産価格から言えるのは次の事柄である。
一、新型の高性能戦闘機の価格はあまりに高価であり、欧米先進国でもそれを多数そろえるのは困難である。
アメリカでさえF－22の配備数は、最終的に五〇〇機以内と見られる。

ユーロファイターについても、イギリス、西ドイツがそれぞれ三〇〇機といったところであろうか。

言いかえれば、今後新しい戦闘機で一〇〇〇機を超える生産量を記録する機種は登場しないと思われる。

二、安価な戦闘機が再び脚光を浴びる可能性がある。たとえば、

台湾　ＡＩＤＣ　ＩＤＦ経国《チンクオ》

カナダ　ベンガＴＧ10

イスラエル／インド　ＬＣＡ

といった簡易タイプである。これならば一機当たり一〇ないし二〇億円程度で、調達できるのではあるまいか。

またアメリカ、イギリスはもちろん、兵器生産国として急速に力をつけてきているイスラエル、ブラジル、中国、南アフリカなどが軽量、小型で安価な新戦闘機開発に取り組む可能性は少なからず存在する。

三、既存の戦闘機の一部を改良して、性能的には一応の水準を保ち、かつ安価な機種を大量に生産する手法がとられる。この典型的な例が、ロシアに見られる。

再生産が予定されているのは、

ミコヤンＭｉＧ－21ＭＦ

で、発展途上国からの注文を取り付け、一機当たり五億円程度で売り出す。すでに減価償却を終えているから、きわめて安く販売できるのである。

経済的貧困に苦しみながらも、一定の軍事力を維持しようと考えている発展途上国は数

多くあるから、この商法が成功をおさめるのは明らかである。

四、すでに大国の空軍から引退して保存されている機種を再整備して、小国向けに輸出しようとする動きも出はじめている。

必ずしも戦闘機に限るものではないが、新たに購入しようとする国は、それを戦闘・爆撃・攻撃機として活用する。

たとえば、主としてアメリカ製の機種で、

ボートA7コルセア

ダグラスA－4スカイホーク

ノースロップF－5／F－20

などが考えられる。これなら一機当たり一億円といった〝バーゲン価格〟で入手可能であろう。

予備部品も大量にそろっており、しかも安価であるから、発展途上国の空軍にとっては願ってもない話といえる。

五、既存の戦闘機の長期使用。

現在使っている機体をできるだけ長く使おうとするはずである。

ジェット戦闘機は頑丈に造られているから、整備を正しく行なえば、数十年にわたって使用できる。比較的豊かな日本においてさえ、F－4ファントムは一九七八年から四十年にわたって使い続けている。

軍事費の削減に苦しんでいる各国では、同じ戦闘機を四〇年、場合によっては半世紀近く使うこともあり得る。たとえば一九九五年の時点で、ミコヤン・グレビッチMiG－19（一九五四年一月初飛行）ミコヤン・グレビッチMiG－21（一九五六年六月）ノースロップF－5（一九五九年七月）はもちろん、MiG－17（一九五二年十月）さえ使われているのである。特にMiG－21（そして中国製のチャンチF－7）など、少なくとも二〇三〇年頃までは十数ヵ国の空軍の中核として残る。

まさに五〇年間の永きにわたり第一線機として、奇蹟に近い活躍を記録するかも知れない。

もっとも旅客機としても、ボーイング747ジャンボ機など、一九七〇年十月の初飛行でありながら、いまだに現役なのである。

次々と登場する新型旅客機であっても、輸送能力（特に乗客数）はジャンボ機の八割にすぎない。したがってB－747は二〇二〇年頃まで生産が続けられ、二〇四〇〜五〇年まで使われることになろう。

とすると実に七〇〜八〇年の間、旅客と貨物を運び続ける可能性まで出てくる。

そのような状況が現実としてあるならば、かつて寿命が短いと言われ続けたジェット戦闘機が半世紀の間、現役にあってもおかしくはないのである。

次の主役は……

それでは次に、一九九〇年代に初飛行し、二〇二〇年頃まで主役の座を占めると思われる二種の戦闘機の実力を探ってみよう。

最初に取り上げるのは、もちろん、

ロッキードF－22

それはともかく、ノースロップYF23との競争試作に打ち勝って採用され、少なくとも四百機製造される予定のF－22の実力はどのようなものであろうか。

F－22は一九九〇年二月に初飛行を終えていながら、その後の開発経過は順調とは言えず、性能についてのデータはほとんど公表されていない。

またデータだけを羅列しても、具体的な性能は見えてこないので、アメリカ空軍の現用戦闘機であるF－15イーグルと比較してみた。

●F－15（一九七二年初飛行）とF－22（一九九〇年）の比較

	F－15	F－22
全長m	一九・四	一九・六
全幅m	一三・一	一三・一

全高m	五・六	五・四
翼面積㎡	五六・五	七七・一
自重トン	一三・〇	一四・〇
総重量トン	二五・五	二六・〇
エンジン推力トン	二一・二	三六・〇
推力重量比	一・一	一・八
翼面荷重km／㎡	三四一	二五九
翼面推力km／㎡	三七五	四六七
最高速度M	二・五	二・五
最良上昇力m／分	一万六八〇〇	不明
上昇限度キロ	一八・三	一八・〇
航続距離キロ	三一〇〇	三〇〇〇

注、乗員数はすべて一名。データは資料によって多少異なる。

これを見ていくと、F－15とF－22は寸法、重量とも非常によく似かよっていることがわかる。

異なっているのは、翼面積でF－22の方が三六パーセントも大きい。またエンジン推力も五〇パーセントほど増えている。

しかしそのエンジン推力の増加が、そのまま見掛けの性能向上につながるかというと、決してそうではない。

上昇限度、最高速度、航続距離（力）などはほとんど変わらず、F－15と同じと考えてよい。しかし数字に表しにくいダッシュ力（加速性）、未発表の最良上昇力、そして翼面荷重の減少、翼面推力の増加により機動性（運動性）が飛躍的に向上したことは明らかであろう。その意味からF－22は戦闘爆撃機ではなく、純粋の制空用戦闘機的な性格が強いと考えるべきかも知れない。

特に高性能戦闘機の性能を示す最大の目安となる推力重量比は、F－15の一・一に対して一・八と六〇パーセントも大きくなっている。

加えてF－22については、総重量（二六トン）より、最大推力（三六トン）の方が三八パーセントも大きいから、理論的にはフル装備で垂直上昇できることになる。

自重、あるいは平均重量ならともかく、総重量よりも推力の方が大きい戦闘機は、VTOL機などを除くとF－22だけのようである。

したがって機動性はこれまで登場した戦闘機の中では最高のはずで、問題はパイロットの肉体的能力が、この動きについていけるかどうかという点であろう。

F－22が制空戦闘機を目指して開発されてきたのはすでに述べたとおりだが、同時に、

海軍用の艦上戦闘機型

戦闘爆撃機型

についても、検討が行なわれていたようだ。

アメリカ海軍はF／A－18の改良型以外に新戦闘機計画を持たず、これから開発に取りかかるとしても、一〇年の期間が必要となる。

もしF－22の性能が卓越したものであれば、マクダネルダグラスF－4ファントム・IIの場合と同様に、空軍、海軍、海兵隊共通の戦闘機になる可能性も出てくる。

F－22は翼面積が大きいので、低速における操縦性は良好と考えられ、航空母艦での運用にもこれといった障害はない。

したがって空軍への配備がはじまると共に、海軍型が登場する可能性もあった。

その一方でF－22の戦闘爆撃機タイプも検討されていて、この経緯もF－15イーグルの場合に似ている。

制空戦闘機F－15イーグルC、Dから、戦闘、地上攻撃用のF－15ストライク・イーグル（F－15E）が生まれたように、F－22にもその派生型が誕生する可能性もある。

アメリカ空・海軍は戦闘機に種々の任務を受け持たせようとして、

ETF　強化戦術戦闘機
DRF　複合任務（多用途）戦闘機

の構想を進めている。

空軍　F－15C／D、F－15E
海軍　F／A－18E

がその第一歩とも言える。

同一機種の改造で、戦闘、攻撃（爆撃）、偵察、給油機がそろえられれば――専門に開発されたものより多少能力が低くても――金額的には大幅に削減できるのである。開発費、製造費が安くなれば、それだけ機数を増やせることになるから、今後この傾向はますます強まっていくと思われる。

もしかすると21世紀前半には、世界の空軍から〝爆撃機〟という機種が消えていくかも知れない。

またその分、ロッキードF－22とその派生型（ファミリー）が、空軍、海軍の主役の座を占めることになろう。

さて、F－22に代表される近未来のジェット戦闘機は、従来のものとどこが異なるのであろうか。

軽くて強力、燃料消費量の少ないエンジンが装備されるのはもちろんだが、それ以外には、

○複合材料の大量使用
○電子機器の性能向上
○フライバイワイヤなどの操縦系統の軽量化

などが挙げられる。これに加えて装備する兵器の性能向上がはかられているのは当然であって、空中戦の勝敗はこの点にかかっている。

一九九一年の湾岸戦争を見ても、戦闘機同士の格闘戦は過去のものになり、強力な空中指揮・管制機に支援され、優秀な空対空ミサイルを装備した戦闘機が勝利を得た。

この戦争においてアメリカ空・海軍機は、三〇機近いイラク軍戦闘機を撃墜しているが、その全部がＡＡＭによっている。

接近して二〇ミリ・バルカン砲を使う空中戦は一度も起こらなかった。

こうなれば勝利の鍵がどこにあるのか、誰の目にも明らかと言ってよい。

この傾向はますます強まり、機体の性能よりも搭載する兵器の能力が重要となる。

その証拠に、
○対潜水艦大型哨戒機
ロッキードＰ３Ｃオライオン
○対戦車ヘリコプター
マクダネルダグラスＡＨ64アパッチ
なども、出撃のさいサイドワインダーＡＡＭを装備するようになっている。

特に熱追尾型のＡＡＭは複雑なＦＣＳを必要としないので、輸送機さえ自衛用にこれを装備しはじめている。

敵の戦闘機に襲われたら、このＡＡＭを使って反撃しようというのである。

こうなると戦闘機も油断はならない。まさに空中戦の勝利は、ＡＡＭの能力に依存するのであった。

結論として、戦闘機の強さは、
　搭載機器と搭載兵器の能力
　外部からの支援体制
　で決定する。これ以外に付け加えるとしたら、それらを十分に活かすためのパイロットの
技量向上訓練と言えようか。
　それでは次にヨーロッパの最新戦闘機とアメリカのF－22を比較してみよう。
　ヨーロッパの新型戦闘機開発については、
○ロシア、資金不足、新規計画なし。ただし中国などとの共同開発の噂あり
○フランス、国際共同開発から脱退し、独自の道を歩む。ダッソーブレゲー・ラファールが
中心。
○国際協同、イギリス、ドイツ、スペイン、イタリアによるユーロファイターEFAとなっ
　ている。
　このほか、スウェーデンのサーブAJ39グリペンがある。
　この中から取り上げるとすれば、やはり四ヵ国協同開発のユーロファイターであろう。
　この戦闘機ははじめEFAと呼ばれていたが、現在ではEF（ユーロファイターの頭文
字）二〇〇〇となっている。
　初飛行はF－22より三年半遅い一九九四年三月である。

アメリカの戦闘機 F-22 ラプター

フランスの最新鋭機ラファール M

寸法はF－22よりふた回り小さく、重量的には六割、つまりかなり小型の戦闘機である。F－22がF－16、F－15と比較して十分に〝革新的〟であるのに対し、EFはオーソドックス、特徴はフライバイワイヤ重視のみと言ってよい。

したがってF－22より三年新しいものの性能的には多少低く、これはそのままアメリカ対ヨーロッパの資金力、開発力の差であろう。

またヨーロッパの戦闘機は、ヨーロッパ地域だけで戦うことを目的にしており、この点からはアメリカが考えるほど大型、高価、高性能の必要性を認めていないのかも知れない。

●F－22（アメリカ・一九九〇年）とEF二〇〇〇（ヨーロッパ一九九四年）の比較

	F－22	EF二〇〇〇
全長m	一九・六	一五・八
全幅m	一三・一	一〇・五
全高m	五・四	六・四
翼面積㎡	七七・一	五〇・〇
自重トン	一四・〇	九・八
総重量トン	二六・〇	一七・二
エンジン推力トン	三六・〇	一八・四
推力重量比	一・八	一・三六

翼面荷重㎏／㎡	二五九	二七〇
翼面推力㎏／㎡	四六七	三六八
最高速度M	二・五	二・二
最良上昇力m／分	不明	不明
上昇限度キロ	一八・〇	一八・〇
航続距離キロ	三〇〇〇	一五〇〇

注、乗員数はすべて一名。データは資料によって多少異なる。
エンジンの推力ひとつをとっても、
F－22
P／WエンジンF－119　A／B推力一八トン
EF二〇〇〇
ユーロエンジンEJ200　A／B推力九・二トン
と、アメリカ製エンジンは二倍の推力を持っている。
注、A／Bはアフタバーナー付を示す。
ロシアは一九八〇年代にすでに、
ツマンスキーRD31　A／B推力一二・三トン
リューリカAL31　A／B推力一二・五トン
を開発している。エンジン推力がそのまま技術力の指針とは限らないが、この点からもヨーロッパの航空技術力は、アメリカ、ロシアと比較すると一段低いところにあるのではないだろうか。

もっとも電子機器、エレクトロニクス技術に関しては、ほぼ同一水準と思われる。

ともかくユーロファイターの将来をじっくりと見守っていきたい。

ジェット戦闘機事典

ジェット戦闘機のデータシートについて

第二次大戦後の代表的なジェット戦闘機を選び、写真、データシート、解説を掲げる。選択の基準としては、ともかく実戦で活躍したもの、現在主力となっているものを優先している。

またデータが資料によってかなり異なっている場合には、なるべく平均化した。

特に自重、総重量にはいろいろな数値が書かれているので、最小、最大値を記載し、そのうえで〝平均重量〟の項を加えた。

特徴的な機種としては、左記のものがある。

(1)最も軽いジェット戦闘機
フォーランド・ナット　自重二・三〇トン、総重量三・二トン

(2)最も重いジェット戦闘機
ジェネラルダイナミックスF-111
自重二一・六トン、総重量四五・六トン

(3)双胴のジェット戦闘機

デ・ハビランド・バンパイア
(4)世界初のステルス戦闘機
ロッキードF－117ナイトホーク
(5)スウェーデンが独自に開発している戦闘機
サーブJ29
〃　J35　ドラケン
〃　J37　ビゲン
〃　J39　グリペン
(6)日本が初めて開発した超音速戦闘機
三菱F－1
(7)唯一エンジンを上下に装着した双発戦闘機
イングリッシュ・エレクトリック・ライトニング
またこれ以外に攻撃機ではあるが、空中戦にも活躍したダグラスA－4スカイホークを加えるべきかも知れない。本機は、空中戦の訓練のさいアグレッサー(仮想敵機)の役割を永くつとめている。

アメリカ初の実用ジェット戦闘機 F-80 シューティングスター

乗員：1名、全長＊全幅：10.5＊11.9m、翼面積：22.1㎡、総重量：7.6トン、平均重量：6.9トン、自重量：6.2トン、エンジン：GEJ33、推力：2.1トン＊1基、最大速度：M＝0.75、最大上昇力：不明、航続距離：2200km、上昇限度：1万3000m、原型初飛行：1944年1月、推力重量比：0.30、翼面荷重：312kg／㎡、翼面推力95kg／㎡、固定武装：12.7mm機関銃×6挺。
注）データはC型のものである。

ロッキードF－80
シューティングスター
(アメリカ)

メッサーシュミットMe262のあとを追うようにして生まれた第一世代のジェット機。現実には本機こそ最初のジェット戦闘機と位置付けることもできる。6.9トンの平均重量に対してエンジン推力がわずかに2.1トンと小さく、性能的にはごく平凡であったが、着実な機体設計と高い機器の信頼性により、レシプロ戦闘機を過去のものとした。

1950年6月に勃発した朝鮮戦争においては、戦闘爆撃機として多数が投入され、共産軍に大きな損害を与えている。

その一方で空中戦となると新鋭のミグMiG－15の敵ではなく、14機の損失に対し戦果は6機にとどまった。この時代の戦闘機の進歩は著しく、F－80は登場後わずか5年にして第一線から姿を消している。しかし前述の信頼性、操縦のしやすさにより、複座の練習機T－33が作られ、これは世界的なヒットとなった。このT－33を採用した国はなんと35カ国にも及び総生産数は6500機を超えている。

直線翼のF9Fパンサー。のち後退翼化したクーガーが誕生

乗員：1名、全長＊全幅：11.3＊11.6m、翼面積：31.0㎡、総重量：9.2トン、平均重量：7.3トン、自重量：5.4トン、エンジン：P＆W J42、推力：2.3トン＊1基、最大速度：M＝0.69、最大上昇力：860m／分、航続距離：2200km、上昇限度：1万3600m、原型初飛行：1947年10月、推力重量比：0.32、翼面荷重：174kg／㎡、翼面推力：74kg／㎡、固定武装：20mm機関砲×4門。
注）データはF9F－4のものである。

グラマン
F9Fパンサー
(アメリカ)

アメリカ海軍が開発した初の本格的艦上ジェット戦闘機であり、朝鮮戦争全期間を通じて大活躍している。これはグラマン製の航空機全般に言えることでもあるが、重く頑丈で、整備性に優れていた。本機もまたその期待を裏切らず、極めて高い運用率を示した。時には1万ポンド爆弾2発、5インチロケット弾6発を同時に搭載し、発艦したこともある。

その一方で、機体が重く、直線翼でもあり、性能的には平凡であった。したがって軽量のMiG－15との交戦では不利を強いられ、次第に制空任務には用いられなくなってしまった。1960年代までアメリカ海軍の艦上ジェット戦闘機は、空軍のそれと比較すると低性能であったのは否めない。それでもパンサーの信頼性は揺るがず、実に2600機（F9F－8クーガーを含む）の大量生産が行われている。

朝鮮戦争で活躍したF-86F セイバー

乗員：1名、全長＊全幅：11.4＊11.3m、翼面積：26.8㎡、総重量：7.4トン、平均重量：6.3トン、自重量：5.2トン、エンジン：GE J47、推力：2.7トン＊1基、最大速度：M＝0.88、最大上昇力：2840m／分、航続距離：1260km、上昇限度：1万4700m、原型初飛行：1947年10月、推力重量比：0.43、翼面荷重：235kg／㎡、翼面推力：101kg／㎡、固定武装：12.7mm MG×6、ミサイル：AIM－9×2（最後期型のみ）。注）データはF型のものである。

ノースアメリカン F－86F セイバー（アメリカ）

アメリカ空軍が1950年に送り出した本格的な制空用ジェット戦闘機。大きな後退角の主翼を持ち、いかにも新しい時代の航空機といった印象であった。このF－86の最高速度は1100キロ／時であったが、浅いダイブで音速を超えることが可能となっていた。

デビューした直後に朝鮮戦争が勃発し、本機は1950年末から戦線に投入される。これ以来2年半にわたり、中国、ソ連の義勇軍パイロットの操縦するミグMiG－15とF－86は、戦史に残る大空中戦を展開するのであった。

F－86はライバルのMiG－15と比較すると2割ほど大きく、そのために運動性、上昇力では多少劣っていた。その代わりに優れた信頼性、操縦のしやすさなどでの長所を持っており、実戦では有利に戦うことができた。日本の航空自衛隊でも主力戦闘機として活躍し、300機のノックダウン生産が行われている。これらはのちに独自の改造が施され、写真偵察機RF－86となった。

朝鮮戦争で鮮烈なデビューを果たしたMiG-15

乗員：1名、全長＊全幅：10.0＊10.1m、翼面積：23.7㎡、総重量：5.1トン、平均重量：4.5トン、自重量：3.8トン、エンジン：クリモフVK－1、推力：2.7トン＊1基、最大速度：M＝0.9、最大上昇力：3500m／分、航続距離：770km、上昇限度：1万5000m、原型初飛行：1947年12月、推力重量比：0.60、翼面荷重：190kg／㎡、翼面推力：110kg／㎡、固定武装：30mm砲×1、23mm砲×2。注）データはMiG－15 bis（改）型のものである。

ミコヤン・グレビッチ MiG－15ファゴット（旧ソ連）

第2次大戦後の1947年、旧ソ連の技術陣が総力をあげて完成した迎撃および制空用戦闘機。

軽量の機体に出力の大きなエンジンを装着し、もっぱら空中戦闘に主眼をおいて設計されていた。このため同時期に登場したアメリカのF－86セイバーをしのぐ運動性を持っていた。

MiG－15の出現は西側の空軍に衝撃を与えたが、この状況は“零戦”の場合と酷似している。ただし空気力学的な不安定性、発射速度の遅い大口径機関砲、信頼性の低い搭載機器などは、本機の弱点であった。MiG－15にはエンジンの出力を15パーセント増加させたbis（改良）型があり、これは新鋭F－86Fにとっても恐ろしい相手となった。この－15から発展したMiG－17はベトナム戦争、中東戦争でも大いに活躍し“MiG”の名を欧米の辞書に載せたほどである。－15、－17の生産数の合計は実に1万5000機に達している。

ホーカー・ハンター F6。機首下面に機関砲の発射孔が見える

乗員：1名、全長＊全幅：14.0＊10.3m、翼面積：32.6㎡、総重量：8.1トン、平均重量：7.2トン、自重量：6.2トン、エンジン：RRエーボン、推力：4.1トン＊1基、最大速度：M＝0.94、最大上昇力：1490m／分、航続距離：3100km、上昇限度：1万5700m、原型初飛行：1953年5月、推力重量比：0.57、翼面荷重：221kg／㎡、翼面推力：129kg／㎡、固定武装：アデン30mm機関砲×4門。

ホーカー・ハンターF6（イギリス）

イギリスが独自に開発したジェット戦闘機のうちで、もっとも成功したのがこのハンターである。流れるような美しいラインを持った本機は、軽いダイブで音速を超えることができた。本機の特長は胴体前部下面に格納される30mm砲のパックであった。この4門のパックはハンターに大きな対地攻撃能力を与えた。

1951年7月20日の初飛行以来、ホーカー社には多くの注文が舞い込み、のちの10年間にイギリスで1900機、オランダで450機が生産された。

これはイギリス製のジェット戦闘機のうちでもっとも多い。ハンターはイギリス、オランダ、ベルギー、スイス空軍のほか、パキスタン、ヨルダンなど18カ国で使用された。また印パ、中東戦争で実戦に参加し、かなりの効果をあげている。1970年以降はもっぱら対地攻撃用として用いられ、特にスイス空軍においては1994年まで、実に40年にわたって現役にあった。

のちに胴体を再設計し教官、訓練生がサイド・バイ・サイドで座れるT－7練習機も製造されている。

着艦するボートF-8クルセーダー。主翼基部が持ち上がっている

乗員：1名、全長＊全幅：16.6＊10.9m、翼面積：34.8㎡、総重量：13.4トン、平均重量：11.1トン、自重量：8.7トン、エンジン：P＆W J57、推力：8.2トン＊1基、最大速度：M＝1.8、最大上昇力：5200m／分、航続距離：3050km、上昇限度：1万3700m、原型初飛行：1955年5月、推力重量比：0.74、翼面荷重：319kg／㎡、翼面推力：236kg／㎡、固定武装：20mm機関砲×4門、ミサイル：AAM 2～4発。

注）データはJ型のものである。

ボート
F－8クルセーダー
(アメリカ)

主翼の前縁中央部が上下に動き、機体の姿勢を変えずに迎え角を増加できるシステムを持つことで一躍名を知られたアメリカ海軍の戦闘機。

このシステムを実用化した戦闘機は史上クルセーダーだけであるが、試作の段階から大きな成功をおさめた。

全体のスタイルは空気力学的に洗練されており、決して強力とは言えないJ57（推力8.2トン）エンジンでも、M1.8を記録している。F－8はベトナム戦争に参加し、4門の20mm機関砲を使ってミグ撃滅に活躍する。F－8のパイロットはAAM（空対空ミサイル）より機関砲で戦うことを好み、彼らの乗機は“最後のガンファイター”と呼ばれた。この意味からクルセーダーは真の格闘戦用戦闘機であった。

のちにアメリカ海軍は本機を改造したA－7コルセア攻撃機を送りだす。A－7はまさにF－8の胴体を短くしたものである。クルセーダーはフランスの中型空母でも運用されている。

本格生産型となったダッソー・ミラージュⅢC

乗員：1名、全長＊全幅：14.0＊8.2m、翼面積：34.9㎡、総重量：13.5トン、平均重量：10.3トン、自重量：7.1トン、エンジン：アター9C、推力：6.3トン＊1基、最大速度：M＝2.2、最大上昇力：7100m／分、航続距離：3060km、上昇限度：1万8300m、原型初飛行：1958年5月、推力重量比：0.61、翼面荷重：295kg／㎡、翼面推力：181kg／㎡、固定武装：30mm機関砲×2門、ミサイル：AAM 2発。

ダッソー・ミラージュⅢ(フランス)

中東戦争で勇名を轟かせたフランス製のデルタ翼戦闘機ミラージュには多種多様なタイプがあるが、このⅢ（特にC型）がもっともよく知られており、すでに3000機以上製造されている。原型の初飛行は1958年の5月だから、すでに40年近く現役にあることになる。

このミラージュⅢの特長は推力増加ロケットSEPRを装備していることで、緊急離陸、高高度迎撃のさいに使用する。

外観はアメリカ空軍のコンベアF－102デルタダガーに良く似ているが、活躍の状況ははるかに本機が優れていた。特にⅢCタイプとイスラエル軍パイロットの組み合わせは第3次中東戦争のさい、ミラージュの名を世界に知らしめたのであった。のちにイスラエルはアメリカ製のJ79エンジンに換装したIAI 7・クフィールを開発し、170機を生産している。

ミラージュⅢ、その輸出型であるミラージュ5を合わせると、この戦闘機を採用した国は21カ国に達するのであった。

ロッキードF-104スターファイター

乗員：1名、全長＊全幅：17.8＊6.7m、翼面積：18.2㎡、総重量：10.6トン、平均重量：8.6トン、自重量：6.5トン、エンジン：GE J79、推力：7.2トン＊1基、最大速度：M＝2.2、最大上昇力：1万2000m／分、航続距離：1400km、上昇限度：1万8300m、原型初飛行：1954年2月、推力重量比：0.84、翼面荷重：472kg／㎡、翼面推力：396kg／㎡、固定武装：20mmバルカン砲×1、ミサイル：AAM（AIM－9×2～4)。注）データはJ型のものである。

ロッキードF－104 スターファイター（アメリカ）

マッハ2級の超高速軽量戦闘機として、世界の注目を集めた。鋭くとがった機首と、リンゴの皮がむけると言われた極薄の主翼前縁を持っていた。また本機のデビューのさいロッキード社が「最後の有人戦闘機」とコメントを付けたため、スターファイターの名は一躍轟いた。しかし、F－104の加速、上昇性能はたしかに一流ではあったが、兵器搭載量が少なく、用途は迎撃戦闘に限定されていた。パキスタン、ドイツ、日本が本機を採用したが、この中でドイツは対地攻撃機として運用したので、訓練中の事故が続出することになる。

実戦におけるF－104は、米空軍がベトナムに、パキスタン空軍が印パ戦争に投入したものの、それほど華々しい戦果をあげ得ずに終わる。その意味から小型、軽量、高速戦闘機の限界を示す結果となった。このF－104の活躍の場は、同じ設計思想から生まれたMiG－21と同様の状況でしかなかったようである。

アメリカ空軍博物館で展示されるMiG-21PF

乗員：1名、全長＊全幅：13.5＊7.2m、翼面積：34.0㎡、総重量：9.4トン、平均重量：7.3トン、自重量：5.2トン、エンジン：ツマンスキーR13、推力：6.6トン＊1基、最大速度：M＝2.1、最大上昇力：1万7700m／分、航続距離：1850km、上昇限度：1万5000m、原型初飛行：1956年6月、推力重量比：0.76、翼面荷重：218kg／㎡、翼面推力：194kg／㎡、固定武装：23mmバルカン砲×1、ミサイル：AAM（AA－2×2～4）。

注）データはMF型のものである。

ミコヤンMiG－21 フィッシュベッド（旧ソ連）

旧ソ連が1956年に初飛行させた軽量の高速戦闘機。爆弾搭載量はわずかだが、運動性は素晴らしく中東、インド、アフリカ、東欧などの30カ国以上で使われた。主翼はセミデルタ、尾翼はオールフライングタイプで、構造は簡単、極めて安価である。

ベトナム戦争ではヘビー級のアメリカ製戦闘機F－4、F－105を相手に善戦している。ただし機体が小さいため容積に余裕がなく、大出力のレーダーなどは搭載できない。

誕生以来40年以上もたってはいるが、中国ではF－7としていまだに生産が続けられている。ロシアもまた近代化したMF型が造られ、このMiG－21ファミリーの総製造数は1万5000機を突破しそうである。したがってもっとも大量に造られ、もっとも永く使われたジェット戦闘機という名誉を、このMiG－21が獲得することは間違いない。最終的にこの戦闘機は2020年頃まで現役にとどまるはずである。

迷彩塗装を施したアメリカ空軍のF-4E ファントムII

乗員：2名、全長＊全幅：19.2＊11.7m、翼面積：49.2㎡、総重量：26.0トン、平均重量：19.7トン、自重量：13.4トン、エンジン：GE J79、推力：8.1トン＊2基、総推力16.2トン、最大速度：M＝1.95、最大上昇力：1万5100m／分、航続距離：2900km、上昇限度：1万9000m、原型初飛行：1958年5月、推力重量比：0.81、翼面荷重：400kg／㎡、翼面推力：333kg／㎡、固定武装：20mmバルカン砲×1、ミサイル：AAM（AIM－7×4あるいはAIM－9×4）。
注）データはE型のものである。

マクダネルダグラス F－4ファントムⅡ（アメリカ）

1960～80年代にかけて西側の空軍の中核となったアメリカ製の大型双発戦闘機。使用国は日本、イギリス、ドイツ、イスラエルなど10カ国以上に及ぶ。また本国アメリカにおいては、海軍（海兵隊）、空軍が運用した唯一の戦闘機となった。総重量は28トン近いヘビー級戦闘機で、戦闘爆撃機としてもその威力を見せつけた半面、あまりに大きく、MiG－17、－21といった軽量の戦闘機との空中戦を苦手とした。

初期のタイプは空対空ミサイルだけで固定武装を持たず、この点もACMのさい不利であった。のちに他のアメリカ軍戦闘機と同じM61の20mmバルカン砲を装備することになる。

F－14、F－15が登場してからF－4は脇役にまわり偵察や対空レーダー、火器制圧を目的とするワイルド・ウィーゼルを主任務としている。

空中給油を受けるF-105サンダーチーフの編隊

乗員：1名、全長＊全幅：20.4＊10.7m、翼面積：35.8m²、総重量：16.4トン、平均重量：14.6トン、自重量：12.7トン、エンジン：P＆W J75、推力：12.0トン＊1基、最大速度：M＝2.0、最大上昇力：9600m／分、航続距離：3800km、上昇限度：1万5200m、原型初飛行：1955年1月、推力重量比：0.82、翼面荷重：408kg／m²、翼面推力：335kg／m²、固定武装：20mmバルカン砲×1門。

リパブリック F－105サンダーチーフ（アメリカ）

リパブリック社が1955年に初飛行させた大型の戦闘爆撃機で、巨大な爆弾倉を持っていた。ここには3.5トンを越す兵器を格納できるが、本来の目的は当然核爆弾の運搬である。またF－105は当時としては最強の発動機を装着し、爆弾を携えたまま、水平飛行で音速を突破することが可能となっていた。しかし本機の活躍の場はベトナム戦争における対地攻撃であり、これは華やかではあるが犠牲の多い任務となった。

F－105は約800機が生産され、その半数以上がベトナム戦争中に失われている。もっとも大量に造られたD型は、外部にも爆弾を携行できるよう改造が加えられたため、全搭載量は実に6.5トンに達した。

またこれらを投下したあと、空中戦も可能でベトナム戦争中には24機の損失を代償として27機のミグ戦闘機を撃墜している。最後のF－105F型は電子戦専用機となり、'80年代まで現役として働き続けた。

可変後退翼を採用した MiG-23

乗員：1名、全長＊全幅：14.5＊8.1m、翼面積：34.2㎡、総重量：20.4トン、平均重量：15.6トン、自重量：10.7トン、エンジン：リューリカ AL21、推力：10.2トン＊1基、最大速度：M＝2.3、最大上昇力：1万4400m／分、航続距離：3250km、上昇限度：1万8500m、原型初飛行：1965年10月、推力重量比：0.65、翼面荷重：456kg／㎡、翼面推力：298kg／㎡、固定武装：23mm バルカン砲×1門、ミサイル：AAM 2～4発。注）このデータはフロッガーDのものである。主翼展開時の全幅は14m。

ミコヤンMiG－23／27フロッガー（旧ソ連）

1967年の公開以来何度となく改良が行われてきた旧ソ連の可変翼（VG）戦闘爆撃機。

実用のVG機としてはアメリカのジェネラルダイナミックスF－111に次ぐものである。旧ソ連技術陣は、F－111の場合よりスムーズにVG機の量産を可能にしたようである。

フロッガーはアメリカ海軍のF－14トムキャットより多少小さく、極めて取り扱いやすい機体であった。また性能的にはMiG－21を上まわり、兵器搭載量も4トンとかなり多い。

このため旧東欧、アフリカ、中東の国々から大量の注文を受け、実に2000機を越す生産が行われた。その中心となったのは、装備を簡素化したフロッガーE、フロッガーFなどである。もちろん旧ソ連軍もフロッガーBを800機保有し、対地攻撃の主力としている。

フォークランド紛争で活躍したイギリス海軍のシーハリアー

乗員：1名、全長＊全幅：13.9＊7.7m、翼面積：18.7㎡、総重量：10.4トン、平均重量：8.0トン、自重量：5.6トン、エンジン：RRペガサス、推力：9.7トン＊1基、最大速度：M＝0.95、最大上昇力：1万2200m／分、航続距離：1800km、上昇限度：1万5600m、原型初飛行：1964年3月、推力重量比：1.21、翼面荷重：478kg／㎡、翼面推力：519kg／㎡、固定武装：アデン30mm機関砲×1門、ミサイル：AAM2～4発。

BAe
シーハリアー
（イギリス）

イギリスの航空工業が10数年の歳月を費やして実用化した、世界最初のVTOL（垂直離着陸）軍用機である。エンジンの排気の方向を四つのノズルによって変え、空中停止もできる。ケストレルと呼ばれていた頃にはいくつかの事故も起こっていたが、1975年以来見事に立ち直り、イギリス海・空軍はもちろん、アメリカ海兵隊の航空部隊、スペイン海軍も採用している。

シーハリアーは空軍のハリアーの改良型で、軽空母インビンシブル級に搭載するため、いくつかの設計変更を受けている。のちに自走してカタパルトから発進するスキージャンプ方式が開発され、兵器の搭載量が40パーセントも増加した。VTOL戦闘機の実力は疑問視されていたが、1982年のフォークランド／マルビナス紛争において50機足らずのハリアー／シーハリアーは、アルゼンチン空軍相手に素晴らしい戦果をあげている。このためすでに18機を使用しているスペイン海軍に続き、フランス海軍も同機の導入を考えている。

Su-7 を改良した部分可変後退翼機 Su-17M フィッター C

乗員：1 名、全長＊全幅：15.6 ＊ 9.4m、翼面積：34.5㎡、総重量：15.6 トン、平均重量：12.2 トン、自重量：8.7 トン、エンジン：リューリカ AL－7、推力：9.5 トン＊1 基、最大速度：M ＝ 1.6、最大上昇力：1 万 1000m ／分、航続距離：1200km、上昇限度：1 万 5000m、原型初飛行：1955 年 12 月、推力重量比：0.78、翼面荷重：354kg ／㎡、翼面推力：275kg ／㎡、固定武装：30mm 機関砲× 2 門、ミサイル：AAM × 2 発。
注）データは Su－7 フィッター A のものである。

スホーイ Su－7／17／20／22 フィッター（旧ソ連）

鈍重なミグ MiG－19 ファーマー以外にジェット戦闘爆撃機を持たなかった旧ソ連が、1955 年頃から試作に取り組んだのが本機フィッター・シリーズである。最初のスホーイ Su－7（フィッター A）は、アメリカ空軍の F－105 サンダーチーフに匹敵する大きなものであった。強力ではあったが本機の離着陸性能には問題があり、インド空軍などから改良の要請が出された。

そのため主翼の外側の部分だけを動かす部分可変翼付改良型として Su－17 フィッター B、20 フィッター C、22 フィッター D などが誕生する。この可変翼の採用により、搭載量の 80 パーセント増加といった向上が現実のものとなった。

しかし Su－22 になると再び ACM 重視の設計となり、兵器搭載量は減少している。Su－7 ～ 20 は能力の割に価格が安く、装備も簡略化されているため、生産数の 20 パーセント（約 200 機）が、発展途上国に輸出された。

長射程空対空ミサイル・フェニックスを発射するF-14トムキャット

乗員：2名、全長＊全幅：18.9＊10.1m、翼面積：52.5㎡、総重量：31.0トン、平均重量：24.6トン、自重量：18.2トン、エンジン：P＆W TF30、推力：9.3トン＊2基、総推力：18.6トン、最大速度：M＝2.3、最大上昇力：1万2900m／分、航続距離：3100km、上昇限度：1万8000m、原型初飛行：1970年12月、推力重量比：0.86、翼面荷重：469kg／㎡、翼面推力：354kg／㎡、固定武装：20mmバルカン砲×1門、ミサイル：各種AAM 4～6発。
注）データはF－14Aのもの。主翼展開時の全幅は19.5m。

グラマン F－14トムキャット（アメリカ）

アメリカ海軍がベトナム戦争中の1968年から7年を費やして完成させた大型の艦上戦闘機。強力なP＆Wエンジンを2基装備し、乗員も2名（パイロットとFCSオペレイター）である。重量はフルロード状態で実に31トンに達する。

またトムキャットの最大の特徴はなんといっても可変翼で、低速時に後退角20°の主翼は、空戦時には75°にまで下がる。このときの平面図はまさにデルタ翼に近い。

F－14は戦闘機に搭載されているものとしてはもっとも強力な索敵レーダーを持ち、2～3種のミサイル6発により、複数の敵機を同時に攻撃できる。この威力はリビア空軍のSu－22との対決のさい、十分に発揮された。

しかしF－14はあまりに大きく、かつ高価であるため、アメリカ海軍としてももてあまし気味で、将来的にはより運用しやすいF／A－18ホーネットが、空母航空団の主役となるはずである。

アメリカ空軍の制空戦闘機 F-15 イーグル

乗員：1名、全長＊全幅：19.5＊13.0m、翼面積：56.7㎡、総重量：25.4トン、平均重量：19.2トン、自重量：13.0トン、エンジン：P＆W F100、推力：10.6トン＊2基、総推力：21.2トン、最大速度：M＝2.5、最大上昇力：不明、航続距離：4000km、上昇限度：1万8600m、原型初飛行：1972年7月、推力重量比：1.09、翼面荷重：339kg／㎡、翼面推力：374kg／㎡、固定武装：20mmバルカン砲×1門、ミサイル：各種AAM×8門。
注）データはF－15Cのものである。

マクダネルダグラス F-15イーグル（アメリカ）

一歩先にデビューした海軍のF-14トムキャットに似た単座、双発の制空用戦闘機。それまでのF-4ファントムが般用（戦闘、爆撃）であったのに対し、F-15イーグルはもっぱら空中戦での勝利を目的に設計されている。そのためACMでは2種のAAMを最大8発まで搭載でき、1990年なかばまで“史上最強の戦闘機”の名をほしいままにした。

900機のF-15が生産されたあと、戦闘攻撃機型のF-15Eストライクイーグルが誕生し、現在はこちらが主流になっている。

日本の航空自衛隊も本機を採用し、単座のF-15Jを171機、複座のDJを15機配備した。このDJは練習機であるが、非常のさいにはパスファインダー（攻撃誘導）の役割を果たせる点が特徴である。F-15は高価な戦闘機にもかかわらず、イスラエルに50機、サウジアラビアに60機が輸出されている。

優秀な戦闘爆撃機 F-16 ファイティングファルコン

乗員：1名、全長＊全幅：15.1＊9.5m、翼面積：27.9㎡、総重量：16.1トン、平均重量：12.5トン、自重量：8.9トン、エンジン：P＆W F100、推力：11.3トン＊1基、最大速度：M＝2.0、最大上昇力：1万2800m／分、航続距離：2300km、上昇限度：1万5300m、原型初飛行：1974年2月、推力重量比：0.90、翼面荷重：448kg／㎡、翼面推力：405kg／㎡、固定武装：20mmバルカン砲×1、ミサイル：AAM（AIM−9×4）。
注）データはA型のものである。

ジェネラルダイナミックス F－16ファイティングファルコン（アメリカ）

ファイティングファルコン（戦う隼）という派手なニックネームを持つ、アメリカの軽量戦闘機。F－4、F－14、F－15といった大型戦闘機とは全く別のACM（格闘戦）を主目的として開発された。またサイドスティック、フライバイワイヤーなどの新しいシステムを導入し、運動性の向上をはかっている。そのためアメリカ以外にイスラエル、韓国、台湾、オランダなど多くの空軍で採用される。のちに少しずつ大型化され、初期の設計目的から性格が変わってきている。

F－16は戦闘爆撃機としても優れた能力を持ち、今後F－15と共に米空軍の主力戦闘機の地位を守り続けるはずである。日本はこれに目をつけ、大型化した戦闘／対地攻撃機F－2を完成させた。

イギリス空軍のトーネードF.3（イギリスはADVではなくFと呼称）

乗員：1名、全長＊全幅：16.7＊8.6m、翼面積：30.0㎡、総重量：22.5トン、平均重量：17.8トン、自重量：13.0トン、エンジン：RB199、推力：6.8トン＊2基、総推力：13.6トン、最大速度：M＝2.0、最大上昇力：不明、航続距離：2900km、上昇限度：2万1300m、原型初飛行：1974年8月、推力重量比：0.76、翼面荷重：593kg／㎡、翼面推力：453kg／㎡、固定武装：27mm機関砲×1門、ミサイル：AAM（スカイフラッシュ、サイドワインダー）×8発。

注）データはADV－F、Mk3のものである。

パナビア200
トーネードADV（防空型）
（独・英・伊）

西ドイツ、イギリス、イタリアが1970年から10年近い歳月をかけて開発した可変翼VG、複座、双発戦闘機。機体だけではなくエンジンについてもドイツ、イギリスが“ターボラニオン”という新会社を設立して行っている。このトーネードの最大の特色はエンジンのスラストリバーサーで、ヨーロッパの地形を考慮し、STOL（短距離離着陸）性能の向上に寄与している。またMRCA（多用途戦闘機）の別名どおり、各国の要求によって

イギリス：防空戦闘機　ドイツ空軍：制空戦闘機
〃　海軍：対艦攻撃機　イタリア：戦闘爆撃機

と、四つの機種が並行して開発された。このほかにも偵察機として60機が製造される予定である。このトーネードは性能的にもアメリカ、ロシアの第一線機に十分、太刀打ちできるもので、ドイツ350機、イギリス400機、イタリア100機の配備が決定している。

アメリカ空軍博物館でレストアされたMiG-29

乗員：1名、全長＊全幅：16.8＊11.4m、翼面積：38.0㎡、総重量：18.0トン、平均重量：14.5トン、自重量：10.9トン、エンジン：RD−33、推力：8.3トン＊2基、総推力：16.6トン、最大速度：M＝2.4、最大上昇力：1万9800m／分、航続距離：3900km、上昇限度：1万7000m、原型初飛行：1977年10月、推力重量比：1.14、翼面荷重：382kg／㎡、翼面推力：437kg／㎡、固定武装：GSh30mmガトリング砲×1門、ミサイル：AAM×6発。
注）データはファルクラムA型のものである。

ミコヤン
MiG－29ファルクラム
（ロシア）

スホーイSu－27フランカーとともに、ロシア空軍の中核となっている双発戦闘機である。あらゆる形状がフランカーと良く似ているが、ファルクラムの方がふた回り小さい。したがって初飛行の時期は少しずれてはいるが、

MiG－29ファルクラム／F－15イーグル

Su－27フランカー／F－14トムキャット

の比較、対応と考えればよい。

なお性能的には新しい分だけ、ロシア戦闘機の方が高いと思われる。

ファルクラムの特長は背中の開閉式エアインテークで、これは西側の戦闘機には見られないものである。

また本機の推力重量比は1.0を軽く超えており、そのため上昇力、機動性は世界のトップクラスといえる。価格が割合安いこともあって輸出も多く、インド、イラクをはじめとして10カ国に約300機が送り出された。

性能向上型のF/A-18Eスーパーホーネット

乗員：1名、全長＊全幅：17.1＊11.4m、翼面積：37.2㎡、総重量：22.3トン、平均重量：16.4トン、自重量：10.5トン、エンジン：GE F404、推力：7.3トン＊2基、総推力：14.6トン、最大速度：M＝1.8、最大上昇力：1万0700m／分、航続距離：3700km、上昇限度：1万5300m、原型初飛行：1978年11月、推力重量比：0.89、翼面荷重：441kg／㎡、翼面推力：392kg／㎡、固定武装：20mmバルカン砲×1門、ミサイル：AAM 2～4発。
注）データはC型のものである。

マクダネルダグラス F／A－18ホーネット（アメリカ）

アメリカ海軍がF－14トムキャットの後継機として開発した単座、双発の戦闘・攻撃機。

それまでのF－14戦闘機、A－7コルセア軽攻撃機の任務分担を一機種で済まそうとして、F（戦闘機）、A（攻撃機）の記号を与えたものと思われる。ホーネットの特徴としては、主翼の付け根から機首へ長く伸びたストレーキと高い双尾翼が目立っている。

機体の重量、寸法はトムキャットよりかなり小さく、空母上での運用はやりやすい。性能から言えばF／A－18はそれほど高いとは言えないが、大型空母12隻体制を維持したいアメリカ海軍は、比較的安価なこのホーネットを次期主力機と決定した。同機はすでにオーストラリア、スペインをはじめ6カ国が採用を決め、2000年までに総計2200機が生産される。性能向上型のホーネット・Eの配備も進行しつつある。

高い格闘性能と長大な航続力を備えたスホーイ Su-27

乗員：1名、全長＊全幅：21.9＊14.7m、翼面積：62.0㎡、総重量：30.5トン、平均重量：23.3トン、自重量：16.0トン、エンジン：リュールカ AL－31、推力：12.5トン＊2基、総推力：25トン、最大速度：M＝2.4、最大上昇力：1万3400m／分、航続距離：4000km、上昇限度：1万8000m、原型初飛行：1977年5月、推力重量比：1.07、翼面荷重：376kg／㎡、翼面推力：403kg／㎡、固定武装：Gsh30mm ガトリング砲×1門、ミサイル：AAM×10発。
注）データはフランカー A のものである。

スホーイ Su－27フランカー（ロシア）

　ロシアがMiG－29の後継機として配備を急いでいるもっとも強力な戦闘機である。

　総重量30トンを越す大型機で、ファルクラムと形は似ているがふたまわり以上大きい。機体のスペースに余裕があるため、レーダーの類も極めて高性能で、アメリカのF－14、F－15、ヨーロッパのラファール、ユーロファイターをしのぐ。加えて操縦系統はFBW（フライ・バイ・ワイヤー）を採用しており、この点からも旧西側陣営の戦闘機より進歩している。

　ロシアはこのSu－27でも満足せず、より性能の高いSu－35を完成させたが、これはカナード（先尾翼）が付いているので、識別は容易である。またSu－27の戦闘爆撃機タイプのSu－34もすでに開発を終えているが、これはF－15とF－15Eストライクイーグルの関係と似ている。中国はこのSu－27の購入を決定し、すでに60機を入手している。

湾岸戦争でステルス性能を見せつけたF-117ナイトホーク

乗員：1名　全長：20.0m　全幅：13.2m　翼面積：84.8㎡　総重量：23.8t　平均重量：18.4t　自重量：13.4t　エンジン：GEF404×2　推力：4.9t　総推力9.8t　最高速度：M0.9　航続距離：2500㎞　推力重量比：1.88　翼面荷重：217kg／㎡　翼面推力：116kg／㎡　標準的な武装：なし、最大搭載量2.5t　原型初飛行：1981年6月

ロッキード・マーチン F－117ナイトホーク（アメリカ）

ロッキードの特異な設計チームスカンクワークスが、世界に先駆けて生み出したステルス軍用機である。ステルスの意味は隠密性で、いわゆる“見えない飛行機”として一挙に注目を浴びた。その直線的なデザインとレーダー電波吸収塗料により、従来のレーダーでは極めて探知しにくい。

ナイトホークの試作型は1979年に5機が造られ、徹底的なテストを実施するとともに厳重な秘密保持のベールに隠され続けた。

本機の記号はFで戦闘機という分類ではあるが、実際には対戦闘機戦闘の能力は持たず、本来ならAの攻撃機である。したがって固定武装は持っていない。

88年に存在が公表されるとともに、翌年のパナマ紛争において実戦に参加している。しかしナイトホークの本領が発揮されたのは、91年の湾岸戦争で、この砂漠の戦闘には30機以上が、イラクの首都バクダッドへの精密爆撃を損害なしに実施している。

製造数は70機前後で、2010年には全機が退役した。

F-16をベースに開発された三菱F-2

乗員：1名　全長：15.5m　全幅：11.1m　翼面積：34.8㎡　総重量：22.1t　平均重量：17.1t　自重量：12.0t　エンジン：F－110－IHI×1　推力：13.4t　最高速度：M2.0　航続距離：1750㎞　推力重量比：1.27　翼面荷重：491kg／㎡　翼面推力：385kg／㎡　標準的な武装：20㎜ MG×1、対艦ミサイル×4など　原型初飛行：1995年10月　注：GDF－16ファルコンと共通化の部分あり

三菱
F－2
（日本）

航空自衛隊のF－1の後継機として開発された支援戦闘機。この支援の意味は、対地、対艦船攻撃能力を有しているということである。最初、エンジンを除いて純国産を目指していたが、アメリカからの強い要求があり、いろいろな部分にGD　F－16と共通化が図られている。ただし機首の延長、主翼の再設計などがあって、全体的に寸法、重量とも多少大きくなっている。

また搭載される電子機器（レーダー、コンピューター、電子戦システム）も国産品である。一時、主翼の強度に問題が発生したが、これも解決し96年より配属されている。さらに能力も満足できるものとなった。しかし同機の生産数はわずかに100機前後で、このためほぼ性能が等しく5000機近くも造られているF－16と比較すると、その価格は2倍以上にもなり、今後の軍用機の国産化に議論を呼ぶことになった。

小型の機体ながらマルチロールをこなすJAS39グリペン

乗員：1名　全長：14.1m　全幅：8.4m　翼面積：30.0㎡　総重量：14.0t　平均重量：17.7t　自重量：7.4t　エンジン：GEF404×1　推力：8.2t　最高速度：M2.0　航続距離：2400㎞　推力重量比：2.6　翼面荷重：590kg／㎡　翼面推力：273kg／㎡　標準的な武装：27㎜MG×1、最大搭載量5.3t　原型初飛行：1988年12月

サーブ JAS39グリペン（スウェーデン）

J29以来、ほぼ15年周期でオリジナルの高性能戦闘機を送り出しているのが、スウェーデンのサーブ社である。エンジンこそアメリカ製を用いているが、機体をはじめ機関銃、AAMまで国産であって、その技術水準は高く評価されている。グリペンは1988年に初飛行し、現代でも同国の主力戦闘機である。極めて大きなカナード（前翼）と、それと対称的に小さなデルタ翼を持ち、任務として戦闘、攻撃、偵察が可能なマルチファイターと言い得る。

しかし開発中になんどか事故を起こし、一時は配備が危ぶまれた。

それでも量産化は成功し、300機を超える数が生まれている。

またカナードによるSTOL性能に優れ、非常時には高速道路からの運用も可能。

国力から言って現用の中ではかなり軽量で、最大離陸重量は15トンに満たず、この数字からは軽戦闘機とも言える。それにしても人口500万人の小国が、次々と高性能のジェット機を誕生させている事実は、おおいに評価されるべきであろう。

4か国共同開発の戦闘機ユーロファイター

乗員：1名　全長：16.0m　全幅：10.1m　翼面積：50.0㎡　総重量：23.6t　平均重量：17.3t　自重量：11.0t　エンジン：EJ200×2　推力：9.1t　総推力：18.2t　最高速度：M2.0　航続距離：2000㎞　推力重量比：0.96　翼面荷重：346kg／㎡　翼面推力：364kg／㎡　標準的な武装：30㎜MG×1、最大搭載量6.1t　原型初飛行：1994年3月
注：ドイツ空軍はタイフーンという名称を使っていない

ユーロファイター タイフーン (イギリス・ドイツ・イタリア・スペイン)

　イギリスを中心として、ドイツ、イタリア、スペインが協力して完成した多国籍戦闘機で、操縦席下の大きなインテークが特徴である。形状としてはカナードプラスデルタ翼でサーブ・グリペンに似ているが、双発のエンジン付きで二回りほど大きい。また高い垂直尾翼を持つ。構造材としては炭素繊維、マグネシウム、チタンが使われ、軽量化に成功している。

　その結果、一部の情報で本機は、世界でもっとも高い運動性能を持つ、とされている。配備後の生産は順調に進み、イギリス300機、ドイツ200機、イタリア、スペインが150機、またオーストリア、サウジアラビア、ポーランドでも導入が予定されている。したがって総生産数は1000機に達し、実質的にヨーロッパの標準的な戦闘機という座を占めつつある。ドイツはタイフーンという呼称を用いず、たんにユーロファイターと呼んでいる。

フランスが独自に開発したラファール(写真は艦載型ラファールM)

乗員：1名　全長：15.3m　全幅：10.9m　翼面積：46.0㎡
総重量：14.8t　平均重量：12.0t　自重量：9.1t　エンジン：SNECMA・M88×2　推力：7.5t　総推力：15.0t　最高速度：M2.0　航続距離：1990㎞　推力重量比：0.8　翼面荷重：261kg／㎡　翼面推力：326kg／㎡　標準的な武装：30㎜ MG×1、爆弾最大3.5t　原型初飛行：1986年7月　注：空軍型と海軍型あり

ダッソー
ラファール
（フランス）

フランスのダッソー社は、長いあいだミラージュファミリーを製造し続け、その総数は実に3000機に達している。その最終型がミラージュ2000であったが、次第に能力不足が指摘され、後継機としてラファールが1986年に初飛行した。

本来ならイギリス、ドイツなどと共に戦闘機の共通化を図るべきなのだが、採用するエンジンの問題から、独自の開発となった。本機はコクピットの両側に深いインテークを持っているが、これを除くとタイフーン、グリペンなどと非常に良く似ている。

その一方でフランス海軍は空母シャルル・ドゴールを有しており、したがってラファールにも“M”と呼ばれる艦上戦闘機型が存在する。

問題となったエンジンも最初のうちGE　F404であったが、のちに予定通りSNECMAのM88に変更され、所定の性能を発揮している。これに伴いエジプト、インドなどが導入を決めているが、製造数はタイフーンと比較してかなり少なくなっている。

カナード付き無尾翼デルタ翼の中国国産戦闘機 J-10

乗員：1名　全長：15.5m　全幅：9.8m　翼面積：39.0㎡　総重量：18.0t　平均重量：13.2t　自重量：8.3t　エンジン：サトールンAL－3×1　推力：13.7t　最高速度：M2.2　航続距離：1900㎞　推力重量比：0.96　翼面荷重：338kg／㎡　翼面推力：351kg／㎡　標準的な武装：23㎜ MG×1、AAMなど11発　原型初飛行：1998年3月

チェントウ（成都）J－10／F－10（中国）

中国空軍は永くMiG－21の国産型F－7を主力機としていたが、やはり旧式化し、その後継機となったのがJ－10である。本来ならもっと早く新型機が登場するはずであったが、F－8などの戦闘爆撃機を別にすれば、純粋な戦闘機としては本機の登場を待たなくてはならなかった。型式はやはりカナードプラスデルタ翼で、これは最近流行しているヨーロッパ戦闘機と同様である。またインテークはユーロファイターと同じくコクピット下面にある。

エンジンはロシア製のAL－31で、これはスホーイSu－27と同様であるが、単発なのでこのJ－10は軽戦闘機の部類に入るかもしれない。それにしても中国の大推力エンジンの開発は停滞しており、しばらくは輸入に頼らざるを得ないと思われる。このため製造される数はかなり明確になり、せいぜい250機程度であろう。その一方でパキスタンへの輸出も決定している。

世界最強の格闘性能をもつというステルス戦闘機 F-22 ラプター

乗員：1名　全長：18.9m　全幅：13.6m　翼面積：78.0㎡
総重量：27.2t　平均重量：20.8t　自重量：14.4t　エンジン：GEF110×2　推力：18.0t　総推力：36t　最高速度：M2.5　航続距離：2800㎞　推力重量比：0.61　翼面荷重：267kg／㎡　翼面推力：216kg／㎡　標準的な武装：20㎜MG×1、AAMなど10発　原型初飛行：1990年9月
注：実用型F－22Aの初飛行は1997年7月

ロッキード・マーチン F−22ラプター（アメリカ）

原型の初飛行から30年近く経っているが、それでもF−22は間違いなく世界最強の戦闘機として、その名を轟かせている。なにしろアメリカは例え日本を含む同盟国であっても、秘密保持の立場から本機の輸出を認めていないほどなのである。もちろん充分なステルス性を有しているにも関わらず、その空気力学的な性能は他の戦闘機を凌駕している。

なにしろ総重量27トンに対し、総推力は36トン！　つまり垂直上昇も軽々とこなす。

しかも兵器はすべて機内に搭載し、この面からもステルス性の完璧さを誇る。

このことから本機はあくまで制空戦闘機で、対地攻撃などへの投入は考慮されていない。

その一方で価格はなんと一機あたり2.5億ドルという高額で、さすがのアメリカも200機足らずで数年前に製造を打ち切っている。

しかしその後の後継機計画ははっきりせず、少なくともあと20年、ラプターは王者の地位を確保し続けるはずである。

ステルス戦闘機F-35。陸上型、艦載型、STOVL型が開発された

乗員：1名　全長：15.6m　全幅：10.7m　翼面積：42.7㎡　総重量：30.0t　平均重量：16.3t　自重量：12.5t　エンジン：F135－PW－100×1　推力：19.1t　最高速度：M1.6　航続距離：2450㎞　推力重量比：0.85　翼面荷重：382kg／㎡　翼面推力：447kg／㎡　標準的な武装：20㎜ MG×1、最大搭載量7t　原型初飛行：2010年6月　注：データは型式によって大きく異なる。ここではF－35Aのもの

ロッキード・マーチン F－35ライトニングⅡ（アメリカ）

F－22の13年後に進空したJSF統合打撃戦闘機。しかし性能的にはラプターに遠く及ばないと言われている。JFSとは空軍、海軍共用、また通常型、STOL型、制空、攻撃機型などを小改造でこなすことが可能な戦闘機という意味であろうか。もちろんステルス性も高い。アメリカ空、海軍としては戦闘機よりも戦闘爆撃機と考えている。通常型とともにエンジンのエキゾストの方向変更によるVTOL型（正確にはSTOVLである。型式はF－35B）もすでに配備されている。したがってヘリ空母からも発着できる。

ライトニングは単発で、またF－22よりもかなり安価であることから、日本、イギリス、ドイツなど十数か国で採用、最終的には2000機以上の生産が決定している。とくに我が国では最終的に150機近くが運用され、F－15の代替となる。しかし性格的にはあらゆる点で、万能、軽戦闘機としてのF－16に近い戦闘機とみるべきであろう。

中国が開発した大型ステルス戦闘機 J-20

乗員：1名　全長：20.0m　全幅：13.0m　翼面積：78.0㎡
総重量：32.1t　平均重量：25.8t　自重量：19.4t　エンジン：サトールンAL－31×2　推力：12.5t　総推力：25t
最高速度：M2.2　航続距離：2000㎞　推力重量比：1.03
翼面荷重：331kg／㎡　翼面推力：321kg／㎡　標準的な武装：空対空ミサイル8発、兵器搭載量4t　原型初飛行：2011年1月

チャントウ（成都）J－20（中国）

2011年に初飛行した中国空軍の大型ステルス戦闘機である。アメリカのF－22、35、ロシアのSu－57と比べると、形状に大きな違いがみられる。長く平べったい胴体、小さな垂直尾翼など、中国はこのJ－20によって新境地を切り開いたといってよい。

すでに複数の機体が配備されているから、全体的には完成に近づいたのであろう。

しかし問題はエンジンで、現在のところロシア製のAL－31で明らかに推力不足である。J－20の総重量は、現在のタイプでは32トンと伝えられているから25トンの推力（12.5トン×2基）ではなんとも心もとない。

今後改良に伴い重量が増える可能性は高く、一刻でも早く推力35トン級のエンジンWS15などへの換装が期待される。

この作業が終わり、最新式の電子機器が装備されれば、J－20は最高のステルス戦闘機という評価を得られるはずである。いずれにしてもあと数十年にわたり、同機は中国空軍の主力機であることに間違いはない。

戦闘爆撃機 Su-34。Su-27 の発展型で並列複座のコクピットを備える

乗員：2名　全長：23.3m　全幅：14.7m　翼面積：62.0㎡
総重量：45.0t　平均重量：36.1t　自重量：27.2t　エンジン：サトールンAL－31×2　推力：12.5t　総推力：25.0t
最高速度：M1.8　航続距離：4000㎞　推力重量比：1.44
翼面荷重：582kg／㎡　翼面推力：403kg／㎡　標準的な武装：GSh30㎜ MG×1、最大搭載量8.0t　原型初飛行：1990年4月　注：初期型はSu－32と呼ばれた

スホーイ Su－34フルバック (ロシア)

ロシア空軍の主力戦闘機Su－27フランカーは、その後Su－30、33、35、37と進化してきた。しかし名称はすべて同じフランカーで、機体としてはそれほど大きな変化はなかった。しかし1990年に初飛行した新しいファミリー（派生型）が、このSu－34フルバックである。本機はいろいろな意味で、形状こそ多少似ているものの、ほとんど別な航空機である。

まず乗員は2名となり、しかもコクピットの配置はサイドバイサイド！　練習機ならいざ知らず、戦闘機としてはまさに異例である。しかも主輪はこれまた異例で、ダブルのタンデムタイプとなっている。これは機体重量が大きいためで、フルバックのそれはなんと45トンを超えてフランカーの1.5倍近い。

任務としては戦闘機というよりも地上攻撃で、このためチタン製の防弾板が各所に設けられている。

フルバックには艦載型も計画されているが、この重量で空母での使用は難しいと考えられる。

ロシア初の本格ステルス戦闘機 Su-57

乗員：1名　全長：20.8m　全幅：14.0m　翼面積：79.0㎡　総重量：37.0t　平均重量：27.8t　自重量：18.5t　エンジン：サトールン117×2　推力：19.0t　総推力：38.0t　最高速度：M2　航続距離：3500㎞　推力重量比：0.73　翼面荷重：481kg／㎡　翼面推力：481kg／㎡　標準的な武装：30㎜ MG×1、AAM×8　原型初飛行：2010年1月　注：名称などははっきりしない。ロシア空軍の呼称はCy－573

スホーイ T－50／Su－57 (ロシア)

最近までT－50と呼ばれていたロシア空軍の最新鋭ステルス戦闘機がこのSU－57（ロシア名はCy－573）である。強力なAL－41エンジンの双発で、性能的にはF－35を凌ぎ、F－22に匹敵すると考えられている。平面図から見ると、両機は簡単に見分けがつかないほど良く似ている。19年夏のエアショーには6機が登場しているので、戦力化は順調に進んでいると見るべきだろう。実際の飛行ぶりからも、ステルス機ながら素晴らしい運動性が見て取れる。このような見方からSU－57はロシア空軍の次期主力機と言えそうだが、次の2点が懸念材料である。まずロシアの経済事情から大規模な量産は難しいことで、いまのところ製造数はせいぜい60機前後にすぎない。次に主翼が極めて薄く、燃料の搭載量が少ないことである。これはすぐに航続力の不足に繋がりそうだ。前者はインドへの輸出が決りつつあり解決されるが、後者への対応はどのような形になるのか興味を引かれる。

あとがき

第二次大戦後の紛争におけるジェット戦闘機の足跡を、一冊の本にまとめてみようと、かなり以前から考えてきた。

それもたんに運用、実戦での評価だけではなく、性能をも含めた形で、言い換えれば航空機の技術的進歩にも言及したかったのである。

しかもできれば簡単な数式を用いて性能表示も、と欲ばったのだが、出来上がった本書はその目的を果たしているだろうか。

この本を読んでおられる多くの方々と同様、筆者も幼い頃からの飛行機ファンで、特に五十の坂を越えた今でもこの熱気は少しも衰えていない。

国内、海外の航空ショーにはできるだけ足をはこび、望遠レンズを振り回し、また大量の資料を買い込んでいる。

ただそれから先が一般のファン、マニアと少々異なり、軍用機（主として戦闘機）についての数式を用いた性能分析を趣味として行っている。

もちろん、専門家ではないから分析可能な範囲はたかが知れてはいるが、それでもなお高度な知的ゲームとしての関心は捨てきれない。

近年、パーソナルコンピューターが進歩し、大量の計算も容易にこなしてくれ、それがますますこの分野にのめり込むことになる。

しかし面倒なこの種の作業などに取り組まなくても〝強大な戦闘力を秘めた金属の猛禽《もうきん》類〟は、十分に魅力的なのである。

ヨーロッパの低い雨雲を突っ切って飛ぶトーネードや、抜けるようなカリフォルニアの青空に吸い込まれていくトムキャット、ホーネットを見ていると、それだけで胸の高鳴りを感じることができる。

本文中にも何度となく記したが、戦闘機という無機物も、それが大空を駆け回っているかぎり、間違いなく神から生命を与えられているのである。

なお本書の執筆については、「第3～9章・空中戦の実態」の〈戦争の概要〉のみを、若手の国際紛争研究者である深川孝行が担当した。

深川は昭和六十一年に法政大学文学部を卒業したあと、雑誌記者としての経験を積み重ねながら、国際問題の分析に取り組んでいる。

最後になったが、本書と同様にデータに基づいて兵器の能力を比較、検討し、またその実戦における戦いぶりを描いた書籍として

陸戦の主役　戦車対戦車　平成元年九月
海上の王者　戦艦対戦艦　一月
蒼空の覇者　戦闘機対戦闘機（レシプロ編）　六月

が潮書房光人新社から刊行されている。
これらも本書をお読みいただいた読者にお勧めしておきたい。

令和二年十二月　三野正洋

参考文献

書籍

「20世紀の戦争」朝日ソノラマ＊「戦闘機対戦闘機」朝日ソノラマ＊「ベトナム空戦史」朝日ソノラマ＊「朝鮮戦争空戦史」朝日ソノラマ＊「朝鮮上空空戦記」朝日ソノラマ＊「軍事分析　湾岸戦争」第三書院＊「メカニックブックス　戦闘機」原書房＊「現代航空戦史事典」原書房＊「万有ガイドシリーズ・6　航空機」小学館＊航空ジャーナル別冊「現代の戦闘機」「現代の航空戦」航空ジャーナル社＊「軍用機知識のＡＢＣ」イカロス出版＊「図解　世界の軍用機史2」グリーンアロー出版＊「世界航空機年鑑１９９５」酣燈社＊「戦後世界軍事資料　第二〜第五巻」原書房＊コンバット・ドキュメント・シリーズ「朝鮮戦争1、2」「ベトナム戦争1、2、3」デルタ出版＊ミリタリー・イラストレイテッド「ベトナム空中戦」「続ベトナム空中戦」「世界のジェット戦闘機」光文社文庫

雑誌

「航空ファン」文林堂＊「航空情報」酣燈社＊「エアワールド」エアワールド

外国書籍

"JET FIGHTER PERFORMANCE" Ian Allan ＊ "Aircraft vs. Aircraft" Macmillan Books ＊ "WAR in the AIR" Crecent Books ＊ "Jane's All the World's Aircrafts 95 Jane's yearbook"

文庫本　平成八年三月　朝日ソノラマ刊

NF文庫

ジェット戦闘機対ジェット戦闘機

二〇二一年二月二十二日 第一刷発行

著 者 三野正洋

発行者 皆川豪志

発行所 株式会社 潮書房光人新社

〒100-8077 東京都千代田区大手町一-七-二

電話／〇三-六二八一-九八九一(代)

印刷・製本 凸版印刷株式会社

定価はカバーに表示してあります

乱丁・落丁のものはお取りかえ
致します。本文は中性紙を使用

ISBN978-4-7698-3201-0 C0195

http://www.kojinsha.co.jp

NF文庫

刊行のことば

第二次世界大戦の戦火が熄《や》んで五〇年――その間、小社は夥しい数の戦争の記録を渉猟し、発掘し、常に公正なる立場を貫いて書誌とし、大方の絶讃を博して今日に及ぶが、その源は、散華された世代への熱き思い入れであり、同時に、その記録を誌して平和の礎とし、後世に伝えんとするにある。

小社の出版物は、戦記、伝記、文学、エッセイ、写真集、その他、すでに一、〇〇〇点を越え、加えて戦後五〇年になんなんとするを契機として、「光人社NF(ノンフィクション)文庫」を創刊して、読者諸賢の熱烈要望におこたえする次第である。人生のバイブルとして、心弱きときの活性の糧《かて》として、散華の世代からの感動の肉声に、あなたもぜひ、耳を傾けて下さい。